强力旋压连杆衬套分析与试验

赵俊生　著

科学出版社
北京

内 容 简 介

连杆衬套是柴油机的主要滑动轴承之一,本书汇集了作者近年来从事柴油机连杆衬套的研究成果。全书针对大功率、高密度柴油机连杆衬套,阐述了连杆衬套强力旋压加工技术的具体实施;应用数值仿真手段研究了旋压成形过程中材料流动规律、旋压力变化规律;基于 BP 神经网络和遗传算法的工艺参数优化方法,对连杆衬套旋压工艺参数进行了优化设计;分析了相关参数对衬套孔径变形、接触强度、微动特性的影响;结合平均流量模型和表面峰元接触理论,探讨了考虑挤压效应的平均流量模型的求解方法,分析了表面粗糙度、半径间隙对衬套润滑特性的影响规律;研制了模拟连杆衬套实际工况的摆动摩擦副摩擦磨损模拟试验台,并对强力旋压连杆衬套进行了摩擦磨损模拟试验。

本书可作为机械设计及理论专业师生的参考书,也可供从事柴油机连杆衬套设计的相关工程技术人员参考。

图书在版编目(CIP)数据

强力旋压连杆衬套分析与试验/赵俊生著. —北京:科学出版社,2014
ISBN 978-7-03-042702-1

Ⅰ.①强… Ⅱ.①赵… Ⅲ.①柴油机-强力旋压-连杆-衬套-研究
Ⅳ.①TK423.4

中国版本图书馆 CIP 数据核字(2014)第 289212 号

责任编辑:裴 育 邢宝钦 / 责任校对:郭瑞芝
责任印制:张 倩 / 封面设计:蓝正设计

科 学 出 版 社 出版
北京东黄城根北街 16 号
邮政编码:100717
http://www.sciencep.com

三河市骏杰印刷有限公司 印刷
科学出版社发行 各地新华书店经销

*

2014 年 12 月第 一 版 开本:720×1000 1/16
2014 年 12 月第一次印刷 印张:14 1/2
字数:278 000
定价:80.00 元
(如有印装质量问题,我社负责调换)

前　言

　　内燃机是国民经济中工业、农业、交通、国防等各个领域应用最广泛的动力装置。滑动轴承作为现代化、大功率、高密度内燃机(包括柴油机、汽油机)的关键零部件,已成为发动机提高功率、减少燃油消耗、提高运行可靠性的制约因素之一。因此,内燃机滑动轴承的设计、制造技术越来越受到各方面的高度重视。

　　内燃机滑动轴承主要包括曲轴主轴承、连杆大头轴承、连杆小头轴承(衬套)、止推轴承以及凸轮轴轴承。连杆轴承承受着很高的非稳定载荷,属于典型的动载滑动轴承。由于内燃机轴承的位置结构受到严格的限制,且工作条件恶劣,所以内燃机轴承在结构和设计方面有许多特殊性。随着内燃机轴承润滑理论及设计计算方法的深入研究,尤其是电子计算机技术的发展和普及,近代内燃机轴承的设计计算方法更完善、更可靠、更系统。因此,有效的分析与试验是设计高承载力、长寿命内燃机轴承的基础和保证。

　　为实现动力装备"平台轻量化、装备数字化、体系网络化"的目标,满足未来车辆"轻量化、信息化"跨越式发展的需要,车辆动力系统进一步向大功率、轻量化、高紧凑的方向发展,在提高输出功率的同时需进一步缩小体积、减轻重量,以提高单位体积功率。当前,高功率密度柴油机在高转速、高爆压和紧凑性等设计指标条件下,其内部的高速运动机件在极高的气压载荷和惯性载荷的边界条件下工作,对连杆轴承提出了更高的要求。不同于其他滑动轴承,摩擦副活塞销-衬套具有相对摆动运动的特点,同时由于活塞销-衬套摩擦副采用飞溅润滑方式,润滑条件更为恶劣,将导致衬套表面的摩擦磨损进一步恶化。因此,进行高强度、低磨耗、抗磨损的连杆轴承分析及试验研究,是目前大功率柴油研发中急需解决的关键问题之一。

　　在连杆衬套的研制、分析、试验中影响因素错综复杂,涉及多门学科技术,如材料科学、成形工艺、流体力学、固体力学、数值仿真、物理化学等内容。因此,多学科的综合分析与应用是连杆衬套摩擦学设计的显著特点。连杆衬套的摩擦磨损现象发生在表面层,影响因素繁多,使得理论分析和试验研究都较为困难,因而数值仿真与试验研究的相互促进和补充是连杆衬套摩擦学设计的必要手段。

　　与国外相比,我国柴油机关键摩擦副的摩擦学设计技术发展相对滞后,针对柴油机连杆轴承的分析、设计及试验方面的著作较少。目前已有内燃机滑动轴承的书籍出版,但大多针对一般回转滑动轴承的设计、分析;而且材料、工艺、仿真、试验相互独立,试验方法都是针对轴承材料的疲劳试验、摩擦磨损试验、抗咬合试验。针对柴油机连杆衬套摆动摩擦副的系统分析、模拟实际工况的摩擦磨损试验还很少见。

　　中北大学从"九五"以来,将内燃机动压滑动轴承设计技术、润滑性能分析技术应用于大功率柴油机连杆轴承的分析、设计及试验研究,自主研制了摆动摩擦副摩擦磨损模拟试验台,可为各种高、中、低速柴油机进行连杆衬套设计、摩擦磨损模拟试验;应用成形过程的有限元数值模拟技术,结合塑性强化工艺,自主研制了与多种高、中、低速柴油机配套的连杆衬套,取得了部委生产许可证,研发能力在国内处于领先地位,在大功率柴油机连杆轴承设计、分析及试验方面积累了较为丰富的研究成果。

　　为此,本书结合作者多年来的科研积累,从柴油机连杆衬套的材料、加工工艺、数值仿真、强度计算、润滑分析,以及摩擦磨损模拟试验等方面予以论述,使读者对连杆衬套分析及试验获得全面的了解,为从事柴油机设计的相关工程技术人员、高等院校师生及科研人员提供参考。全书共 8 章,第 1 章阐述连杆衬套的相关技术及应用现状;第 2 章系统阐述大功率、高密度柴油机使用的强力旋压衬套的机理、工艺、质量控制及强力旋压加工的技术实施;第 3 章针对锡青铜连杆衬套强力旋压,研究其成形过程中材料流动的规律、旋压力的变化规律、等效应力-应变的变化规律,以及错距旋压和无错距旋压各工艺参数对成形质量的影响规律;第 4 章以虚拟正交试验的有限元分析结果为样本,建立强力旋压成形工艺参数与成形质量评价参数之间的 BP 神经网络模型,给出一种基于 BP 神经网络和遗传算法的工艺参数优化方法,并对连杆衬套强力旋压工艺参数进行优化设计;第 5 章应用有限元法进行连杆小头-衬套-活塞销三体接触强度分析,分析衬套结构尺寸、材料特性及压配过盈量对孔径变形的影响,以及热变形对衬套变形及配合间隙的影响;第 6 章利用接触力学理论和有限元法,分析连杆摆角、衬套过盈量和摩擦系数等关键参数对衬套微动特性的影响规律;第 7 章结合平均流量模型和表面峰元接触理论,探讨考虑挤压效应的平均流量模型的求解方法,分析表面粗糙度、半径间隙对衬套润滑特性的影响;第 8 章介绍研制的模拟连杆衬套实际工况的摆动摩擦副摩擦磨损模拟试验台,并对强力旋压连杆衬套进行摩擦磨损模拟试验。

　　本书是在参阅大量专业文献,总结作者近年来教学经验和科研成果的基础上撰写而成的,可供从事相关科研的研究生参考,也可供从事滑动轴承摩擦学设计的工程技术人员阅读。

　　由于涉及范围较广,而本书的篇幅有限,在取材和论证方面存在不妥之处,敬请广大读者批评指正。

　　在本书的撰写过程中,得到中北大学樊文欣教授等同事以及葛丹丹、杜平、冯志刚、吕伟等研究生的热情支持和帮助,在此对他们表示真诚的感谢。

赵俊生

2014 年 6 月

目　　录

第1章 绪 论

1.1 引 言

内燃机是国民经济中工业、农业、交通、国防等各个领域应用最广泛的动力装置。滑动轴承作为现代化、高速、体积更紧凑的内燃机(包括柴油机、汽油机)的关键部件,已成为发动机提高功率、减少燃油消耗、提高运行可靠性的制约因素之一。因此,内燃机滑动轴承设计、制造技术越来越受到各方面的重视。

内燃机滑动轴承主要包括曲轴主轴承、连杆大头轴承、连杆小头轴承(衬套)、止推轴承以及凸轮轴轴承。作为内燃机摩擦副的主要轴承,连杆轴承承受着很高的非稳定载荷,即动载荷,属于典型的动载滑动轴承。由于内燃机轴承的位置结构受到严格的限制,且工作条件恶劣,所以内燃机轴承在结构和设计方面有许多特殊性。随着内燃机轴承润滑理论及设计计算方法的深入研究,尤其是电子计算机技术的发展和普及,近代内燃机轴承的设计计算方法更完善、更可靠、更系统。正确的设计、有效的分析是内燃机轴承高承载力、长寿命的基础和保证[1]。

由于内燃机工作过程的周期循环间歇性,以及曲柄连杆机构的不平衡惯性载荷的作用,内燃机轴承具有以下特点[2]。

1) 轴承承受的载荷大小、方向瞬时变化

四冲程内燃机,曲柄转 720° 为一循环周期;二冲程柴油机,曲柄转 360° 为一工作循环。因此,相应的内燃机轴承的载荷也是周期变化的动载荷。载荷变化周期随内燃机工作循环而异。交变动载荷导致轴承工作表面材料产生交变应力,是轴承疲劳失效的主要原因。

2) 轴承表面速度变化大

轴颈在周向旋转运动的同时,瞬时伴有径向挤压运动。即轴颈摩擦副运转过程中,其相对运动存在瞬时有效角速度为零的时刻,此时刻旋转油膜压力为零,轴承表面油膜厚度极小,可能发生轴颈表面与轴瓦工作表面之间的瞬时接触,导致二体磨损或三体磨损现象。

3) 轴承工作温度较高

内燃机轴承受燃烧室高温影响,加之轴承内部产生的摩擦热,导致轴承表面工作温度较高,其温度可达 100~170℃。较高的工作温度引起润滑油黏度的降低及轴承合金材料机械性能的下降和劣化,严重时可能导致产生黏着磨损现象。

4）润滑油的污染变质

发动机燃烧产物及冷却水系统的影响，有时会导致润滑系统中混入水分或杂质，或者添加剂分解损耗，造成润滑油稀释、老化、污染变质，进而引起轴承油膜厚度的变化及轴承工作表面的腐蚀磨损。

5）轴承的变形复杂，难以计算和测量

内燃机运转工作过程中，曲轴、连杆及轴承座本身结构以及热应力的影响，或者制造装配的误差，这些都会导致轴和轴承座的变形，引起载荷的集中，产生偏磨现象。对于多缸柴油机，轴承副的变形和轴承载荷的精确计算都极为困难。

6）润滑油黏度除了随温度变化，还随压力变化

未来车辆动力系统进一步向着大功率、轻量化、高紧凑的方向发展，在提高输出功率的同时，要求进一步缩小体积、减轻重量，以提高单位体积功率。大功率、高密度柴油机在高转速、高爆压和紧凑性等设计指标条件下，其内部的高速运动机件将在极高的气压载荷和惯性载荷的边界条件下工作，对轴承强度提出了更高的要求。不同于一般滑动轴承，摩擦副活塞销-衬套具有相对摆动运动的特点，同时活塞销-衬套摩擦副采用飞溅润滑方式，润滑条件较为恶劣，导致衬套表面的摩擦磨损进一步恶化。因此，研制大载荷、高强度、低磨耗、耐磨损、长寿命的新型连杆衬套，是目前急需解决的重要课题[3]。

1.2　研究进展

1.2.1　强力旋压成形技术的研究现状

为了制作更精良的产品，在普通旋压的基础上，强力旋压工艺逐渐发展而成[4]。它最早用在加工器皿、容器等民用工业领域，出现在第二次世界大战前后的瑞典、德国等欧洲国家[5]。20世纪50年代强力旋压技术开始进入应用阶段，国外一些大公司开始使用该技术，主要有波音、格鲁门、通用电气、福特等。经过大量的生产经验积累，各个公司已经开始了工艺参数的系统研究，并根据实际生产经验总结出一些公式对旋压力进行计算。到了60、70年代，强力旋压技术进入大发展阶段，强力旋压设备逐渐完善定型。在美国、德国、苏联、日本、意大利、英国、瑞士等一些技术先进的国家，已经研制出各种不同类型的旋压机两百余种，并且多数已经系列化生产。从80年代开始，在自动旋压机的基础上，逐渐发展了数控旋压机，这大大提高了旋压加工的质量。随着旋压技术的发展，旋压制品的精度也随着不断提高，其产品尺寸精度不逊于切削加工。

我国强力旋压技术研究从20世纪60年代开始，当时这项技术主要用于加工航空和特殊金属制品，至今也有了较快发展。在70年代，无论火箭导弹和航天技

术等国防工业领域还是民用工业领域都开始广泛应用强力旋压技术,因为它具有其他加工工艺所不具备的优异性。国外的旋压设备和技术被引进国内,通过国内研究人员的不断消化、吸收、创新,研制出各种新的产品。当时国内的数控录返旋压机已达到了与国外相当的水平。北京有色金属研究总院于1977年创议召开旋压会议,出版了大量与旋压技术相关的文集,至今共有十一届旋压技术交流大会文集出版,集中反映了全国旋压技术的科研成果。在旋压设备的研究方面,我国的研制水平取得了很大的发展,正在缩短与国外先进国家的差距[6,7]。

　　在变形理论研究方面,国外的许多学者都进行了研究。例如,卡尔巴克赛格路(Kalpakcioglu)和阿维佐(Avitzur)为了摆脱工艺参数设计时尝试法的盲目性,揭示旋压过程中材料的变形机理,曾分别对这一问题做了一些模型和解析。在国外研究筒形件旋压力的各种文献中[8~15],叶山益次郎在文献[13]中提出的算法结果较好。文献[16]通过对变形机理所作出的初步研究分析,建立了一些概念,说明了强力旋压的实际现象;并提出了旋压力的计算方法,与其他的方法相比,不合理的假定较少,精度较高。国内研究方面,文献[17]通过对锥形件强力旋压力的测试、分析和模型试验得出的结果与实际测量的结果是基本一致的。文献[18]用光弹贴片法对强力旋压成形件中残余应力在壁厚方向的分布进行测定与分析,并对残余应力的成形机理进行理论研究。文献[19]分析了各个加工工艺参数,指出正确选用旋压工艺参数,并与合理的热处理方法相结合,可以加工出理想的大尺寸高精度的产品。文献[20]对强力旋压工艺特点进行了分析,并以此为基础建立起了数据库管理系统,为合理地进行工艺参数、工装参数的选择提供了理论依据,有效地避免了生产中的盲目性,提高了生产效率。

1.2.2　有限元数值模拟在旋压成形中的应用

　　数值模拟技术可以在产品生产之前对产品进行研究分析,为生产过程中可能遇到的一些问题与相关参数的选择提供理论的指导,可以有效避免生产中的偶然性,大大提高生产的效率,缩短研发新产品的周期。因此,有限元数值模拟技术被广泛地应用于各种金属塑性成形技术中[21,22]。

　　20世纪90年代,随着计算机的发展和有限元方法的普及,越来越多的学者用数值模拟的方法对强力旋压成形过程进行分析,试图找到强力旋压过程中应力场、应变场分布,分析强力旋压过程的成形机理,解释强力旋压的变形规律[23~25]。文献[26]～[28]在考虑旋轮的运动轨迹和旋轮的一些重要尺寸以及毛坯的运动,对筒形件反旋加工进行了数值模拟,研究发现旋轮作用区周向两侧存在两个产生切向收缩变形的区域,当两侧区域的收缩变形大于旋轮作用区的切向伸长量时,就产生了缩径;反之,则产生了扩径。文献[29]把有限元单元的数值模拟技术用于强力旋压工艺的辅助设计,以提高强力旋压产品研制水平。

文献[30]采用有限元法对强力旋压成形过程进行分析,得到了强力旋压成形过程中塑性不稳定流动情况。文献[31]在刚塑性有限元的基础上对筒形件强力旋压的平面变形力学模型进行数值模拟,获得了正旋工艺和反旋工艺的塑性流动速度场,以及应变和应变速率的分布。文献[32]对三轮强力旋压的成形过程进行模拟,建立了筒形件强力旋压的力学模型;运用大变形弹塑性有限元程序ADZNA进行分析,得到了强力旋压成形过程应力与应变场的分布规律。文献[33]对大直径薄壁筒形件错距旋压进行研究,得到了工艺参数对成形质量的影响,并对工艺参数进行优化计算,用优化的工艺参数进行试制的结果表明优化结果较好。文献[34]经过数值模拟得到了工艺参数对成形件内径尺寸精度的影响规律。文献[35]通过有限元模拟得到了筒形件壁厚方向上的残余应力,并讨论了工艺参数对残余应力的分布的影响。

1.2.3 人工神经网络在工艺参数优化中的应用

质量控制、精密加工、工艺优化等一系列问题在塑性加工领域中不可回避,人们对塑性产品不断增长的需求和加工过程提出了越来越多的要求,因此研究塑性成形制品质量的影响因素就显得很有必要。塑性成形工艺复杂、影响因素众多且工艺参数与成形质量之间没有显式形式,神经网络技术正是解决这些问题的一种行之有效的途径。因为它拥有非线性特征、信息分布性以及较强的联想能力[36~38]。

加拿大 Chun 等建立了多层神经元网络模型[39],以铝合金热加工过程的工艺参数为输入,以材料性能指标为输出,实现了对材料性能的预测。文献[40]将人工神经网络技术应用到热轧中,对流动应力进行预测。国内也有很多学者将人工神经网络应用到塑性加工领域。文献[41]将神经网络技术应用于模具制造技术中,实现了对工况的检测、预报和控制。文献[42]针对筒形件强力旋压问题,用神经网络方法,实现了有限元前处理的参数预选,在减少工作量的同时减少了模拟误差。文献[43]以筒形件强力旋压成形的材料参数、工艺参数为输入,以旋压力最大值为输出,基于 BP 神经网络技术建立两者之间的映射关系,并用粒子群优化的方法实现了对筒形件强力旋压工艺参数的优化。

1.2.4 遗传算法在塑性成形中的应用

遗传算法作为一种随机化搜索方法,源于自然选择和遗传变异等生物进化机制,可以有效地解决复杂的适应性系统模拟和优化问题。从产生至今不断扩展应用领域,对于不同领域、不同学科的问题,它都可以作为一种通用的求解算法来使用。

在塑性成形领域,许多特殊的优化问题用传统的优化方法不能够有效解决,因为这些优化问题的优化变量不连续并且与目标函数之间的关系复杂。例如，弯曲件的变形量优化[44]，半固态挤压[45,46]、压铸[47]、机械扩径[48]、薄板冲压[49]等加工过程的工艺参数优化，冲裁件的最小回弹量[50]、自由曲线曲面造形优化等问题[51]。遗传算法作为一种有效的全局搜索方法，与现代计算机强大的运算能力结合，为解决塑性成形领域中这些非线性、多目标的复杂优化问题提供了新的手段和方法。

在对强力旋压的工艺参数进行优化时，成形工艺参数和成形件质量之间没有明确的函数关系，遗传算法的群体搜索能够使其突破邻域搜索的限制，实现对整个解空间上信息的采集和探索，能有效地防止优化中出现局部最优解[52]。因此，将这种优化方法用于强力旋压成形工艺参数优化中，对解决这一具体实践问题可起到促进作用。

1.2.5　衬套润滑性能的研究现状

对润滑理论的最早研究是阿基米德求解了静止黏性流体问题，后来达·芬奇通过大量计算推导了黏性流体质量守恒方程，在 17 世纪润滑理论才慢慢地发展和建立起来。

17 世纪牛顿通过大量的试验和运算最终为黏度下了定义，奠定了流体润滑的基础。19 世纪 80 年代初，俄国科学家提出了流体润滑的第一个表达式，继而英国学者托耳在对铁路轴承的摩擦特性研究中发现了轴承油膜中有压力的分布，奠定了流体动压理论。该理论启发了英国学者雷诺(Reynolds)于 1886 年提出有关润滑剂中压力分布的方程(该方程就是著名的雷诺方程)，并结合流体力学知识比较完整地解释了托耳的试验，从此奠定了流体动力润滑理论的数学基础。20 世纪初，德国学者完成了对雷诺方程的基本试验验证；继而有人完成了无限长轴承的雷诺方程的积分。20 世纪中期，窄轴承理论得到了发展。此后由于计算机的应用以及有限差分法和有限元法理论的发展，有限宽轴承的理论也得到进一步发展。经过长期研究，更多的理论和实践证明了雷诺方程的正确性，它是静压润滑、动压润滑、动静压润滑、弹流性润滑和混合润滑等现代流体润滑理论研究的数学理论基础。

从 1886 年雷诺方程的建立到 20 世纪 50 年代以前，由于计算速度和计算工具的限制，人们在求解时对雷诺方程做了大量的简化，将变化的载荷看作稳载轴承，只按比压进行设计，无限短和无限长轴承理论就是很好的证明。

1904 年，Sommerfold 求解了无限长轴承的压力分布[53]。他在分析研究中一般把选择的对象看作一直稳定的状态，总结了相关问题的一些近似解法，如模拟解、小参数法等。在第二次世界大战之后，有限宽轴承的数值解得到了进一步发展，推进了流体润滑理论的发展。20 世纪 50 年代后，流体静力学润滑理论开始被广泛关注。在 60 年代,静力润滑理论、气体动力理论和弹性流体动力润滑理论得到了快速发展。此时,Dawson 求解出了广义的雷诺方程,该方程最大的特点就是计入了流体密度和黏度对润滑油厚度的影响。相继 Dowson[54] 又提出了热流体动力学分析的概念,称为 THD。该理论提出在轴承的润滑性能分析时应考虑两点:①轴承等部件导热性能;②温度对黏度的影响。滑动轴承润滑理论经过大量学者进行多年的研究和验证,慢慢形成一套比较完整的新的润滑理论,称为热弹性流体动力润滑理论。该理论提出在进行润滑分析时考虑机械变形和热效应的影响。诸多因素的考虑使得润滑理论的计算结果更接近工程实际。在低速轻载情况下的热流体动力分析已取得一定的成果,但是弹性变形对润滑油膜的影响也较大。轴承在大载荷下会有较大的变形,严重地影响油膜形成,所以在进行轴承润滑分析时需要将变形考虑在内,形成了 TEHD 分析。润滑分析时,TEHD 和 THD 分析在数值计算方法上没有本质上的区别,取决于是否进行耦合分析,TEHD 将弹性变形及热性变形进行了耦合分析[55]。

由于数值计算技术的提高和流体润滑理论本身的发展,人们开展了对动载轴承油膜压力和轴心轨迹的研究工作,其中最具有代表性的算法有三种:移动率法、汉法和 Holland 法。

移动率法是美国 Cornell 大学 Booker 教授提出的,其原理为按照 Ocyirk 短轴承理论和周向条件取 Gumbel 条件求出油膜压力的解析解,依据载荷和油膜力的平衡条件求出轴心运动方程。移动率法有别于其他方法的重要特点是在不必求解雷诺方程的情况下就能得到轴心运动方程。因此,该法在一定的精度下求解速度比较快,在内燃机滑动轴承设计中欧美国家应用此法比较多。但此法不宜用于精确的预测方法,因为移动率法采用了短轴承理论且不计供油特性[56]。

汉法是德国 Karlsruhe 工业大学 Hahn 教授提出的。汉法取相同的轴向边界条件,在周向取统一的边界条件(如雷诺边界条件),求出压力分布。边界条件并未考虑进油槽内的压力等于进油压力,所以只适用于整圈周向进油槽或进油孔的轴承。该法从理论上说是比较精确的,但是多一个变量就增加了计算机的存储量,所以计算量比较大[57]。

Holland 法是德国 Clausthal 工业大学 Holland 教授提出的。该法为克服动载荷造成的求解雷诺方程通解的困难,采用分离法处理雷诺方程,将雷诺方程分为旋转项和挤压项。该法提出将轴承副间的旋转运动和挤压运动分别考虑,并且按各自的边界条件独立求解,求解后再将旋转效应和挤压效应产生的承载力进行叠加,根据承载力和外载荷平衡的条件,导出轴心运动偏微分方程。该法在求解旋转效应的旋转油膜力时,采用 Sassenfelf 和 Walther 的计算值,该计算值是采用差分法按照雷诺边界条件对大量轴承进行数值分析得到的。该法求解挤压效应的挤压油膜力时,取 Meiners 的计算值。该法相对于汉法,提出将动载轴承中的油膜力看作旋转油膜力和挤压油膜力的矢量和[58,59]。从理论上看,这肯定是不精确的,但是在实际应用中,结果在可以容许的范围内。上海交通大学内燃机轴承科研组用该方法经过大量的实践验证,结果与实际情况基本吻合。高明等研究了动载滑动轴承的轴心轨迹 Holland 法的改进,采取奖惩法控制迭代步长,通过合理控制偏位角变化率和优化选取初值,约束偏位角的变化,可以有效地提高计算精度,加快实际运算速度,实现了轴心轨迹的仿真中的 CAI 动态模拟,取得比较好的效果[60]。但 Holland 法是把旋转效应和挤压效应分开考虑,再让各自的承载力矢量相加,这样在轴心轨迹必然会产生失真。1996 年,陈志恒等研究了四冲程内燃机活塞销轴承的轴心轨迹计算,验证了应用 Holland 法可以成功计算出柴油机活塞销的轴心轨迹和孔心轨迹,完成了轴承内部的润滑特性能分析,为轴承的工作可靠性和结构合理性分析提供了参考依据[61]。

1.2.6 国内外滑动轴承磨损试验研究现状

在摩擦学研究领域中,磨损研究占有很突出的地位。因为在一般机械零件的失效形式中,磨损失效几乎占了 90% 以上,所以磨损寿命的研究是当前国内外十分重视的研究课题。英国摩擦学重点研究课题 17 项中,与柴油机磨损寿命有关的就有 9 项,在其附加重点研究课题中还特别强调了混合润滑、磨粒磨损、添加剂、柴油机摩擦磨损等方面的研究[62]。在德国摩擦学研究规划中也曾特别强调了滑动轴承材料、柴油机润滑剂、磨粒磨损、测试技术以及提高柴油机寿命等方面的研究。

轴承磨损寿命的研究主要涉及磨损机理的理论研究[63],以及磨损过程中相互运动的两摩擦表面,各磨损相关参数的试验研究。例如,轴承材料;表面涂层及表面处理;边界润滑;磨粒磨损、润滑油及添加剂;载荷、转速、温度、尺寸结构对磨损量的影响等方面的研究。众所周知,上述课题的涉及面广,影响因素错综复杂。目前还没有一致公认的磨损理论,就试验技术而言,也是各有特点。每一种试验方法、试验技术、试验数据都有待实际效果的比较评价,这显然是一项广泛而长期的研究工作。

通常可将轴承磨损试验研究分为四种[64,65]:

(1) 轴承材料的磨损试验研究;

(2) 轴承零件的磨损试验机试验研究;

(3) 轴承零件的台架试验研究;

(4) 轴承零件的实际工作环境的现场试验研究。

第一种研究方法对于选择机械性能及表面性能都适合的配对材料,以及判断轴承材料的耐磨性能十分有意义。后面三种都是轴承零件的磨损试验研究方法,可以对轴承零件的磨损寿命,以及磨损过程中,轴承的形状、尺寸、表面热处理、表面涂层、间隙、载荷、速度、滑油性能等几乎所有与磨损相关的参数——进行分析研究，在工程上更具有实际意义。

1）轴承材料的磨损试验方法

用于滑动轴承磨损试验方法的试验机如表 1.1 所示。

表 1.1　滑动轴承磨损试验机[18]

名称	销盘式	销环式	环块式	推力环式
原理简图				

上述试验机除了做配对材料的磨损性能试验，还可以做油品性能、承载能力等方面的试验。目前国内几家主要的试验机厂（济南试验机厂、宣化试验机厂、宜昌试验机厂、厦门试验机厂等）生产上述试验机。

2）轴承零件的磨损试验方法

整机台架试验和现场试验是目前整机综合影响因素试验的主要手段。例如，柴油机在试验室内的台架试验，是各柴油机厂检验柴油机综合性能，考验各主要零部件强度、磨损等各项性能的必不可少的试验手段。但其缺点是，试验周期长，消耗大量燃油和润滑油，试验费用大，而且试验人员疲劳度高。

柴油机的实际工作条件下的现场运行试验是公认的最为实际、最为"可靠"的试验，包括各种条件下的综合试验，也是整机的最后考验方法，较柴油机的台架试验更费时、费力，费用更高，极不经济。而且，由于实际工况的千差万别，如气候不同、道路差异、操作者的主客观因素等，可能导致试验数据不可靠。尤其应该指出的是，因为是综合试验，很难进行单参数对磨损性能影响的试验分析。对于摩擦机理，摩擦过程的规律性，影响程度的大小的分析研究更为困难。显然，这种试验只能用于新型机投产前或新轴承采用前的最后综合试验。

轴承零件的磨损试验机研究是介于第一种和第三种、第四种之间的一种试验室研究方法。一方面反映了具体零件的形状尺寸、材料、表面质量；另一方面又能尽量模拟，反映接近实际工况条件。所以，既可以进行磨损机理各单参数影响分析的研究，又可以为工程上提供直接可用的试验数据，而且试验时间短，试验费用低。

发达国家在摆动式轴承摩擦磨损试验机方面的研究起步较早，发展也比较快。而且，针对轴承的不同使用场合建立了相应的试验标准和试验规范[66,67]。我国开展这方面的研究工作起始于 20 世纪 70 年代，主要用于关节轴承的摩擦学性能试验。

1982 年上海交通大学与南通轴瓦厂共同提出了研制动载滑动轴承快速磨损

试验机的设想。其指导思想如下：

(1) 取生产中使用的零件为试验轴承，排除了试件与零件之间的差异；

(2) 采用接近柴油机实际轴承载荷工况的液压加载方式，节省人力、物力及试验时间；

(3) 避免各种复杂环境的综合影响，可进行各单参数对磨损过程的影响分析；

(4) 试验过程之中，随时监测磨损过程的磨损变化，通过铁谱与光谱分析研究可进行磨损机理的研究。

随后国内一些轴承研究单位相继研制和开发了 SPBTM-I 和 SPBTM-II 型关节轴承寿命试验机以及关节轴承摩擦试验机 ZML2000 和关节轴承磨损寿命试验机 ZMS1500，有的飞机制造公司也相继引进或建立了类似的关节轴承试验台架[68~71]。这些试验机一般只适用于单一或少数几个型号的关节轴承，适用范围窄，试验环境条件的模拟不够全面准确，尚不能满足大功率柴油机连杆轴承应用的需要。

1.3 本书的意义和内容

1.3.1 研究意义

如前所述，随着计算机技术的进步和研究者的不懈努力，内燃机轴承加工工艺、强度、润滑、摩擦磨损性能的研究在各自的领域都取得了较大的进展，特别是在曲轴主轴承、连杆大头轴承的研究方面均取得了丰硕的研究成果。然而，连杆小头轴承不同于一般滑动轴承，摩擦副活塞销-衬套具有相对摆动运动的特点，同时活塞销-衬套摩擦副采用飞溅润滑方式，润滑条件较为恶劣，导致衬套表面的摩擦磨损进一步恶化，相关的研究文献少之又少。同时，由于固有的复杂性，对它们的研究还远未完善，仍有许多问题亟待解决。此外，由于学科领域的限制，目前连杆小头滑动轴承-衬套的工艺、强度、润滑、摩擦磨损的研究都局限于各自的学科，研究时仅注重各自的要求，很少或基本不考虑它们之间的相互影响。

鉴于目前柴油机连杆衬套在内燃机轴承中的特殊性，中北大学通过"九五"、"十五"期间承担大量的研究课题，依托中北大学"先进制造技术"山西省重点实验室，自主研制了与多种高、中、低速柴油机配套的连杆衬套，积累了丰富的技术手段和研发经验，研发能力在国内处于领先地位，培养和造就了一大批具有丰富经验的设计、试验和制造技术人才。根据授权国家发明专利实现成果转化，研制了摆动摩擦副摩擦磨损模拟试验台，填补了国内空白。在旋压成形仿真、工艺参数优化设计、衬套润滑特性分析、衬套摩擦特性试验合作开展大量研究，并取得了丰硕的研究成果。对于其他机械装置中的类似滑动轴承，如汽油机连杆轴承、机器人关节轴承等，均具有普遍、深入的研究意义和工程实用价值。

1.3.2　研究内容

本书针对柴油机连杆衬套需要满足的性能要求,简要分析了国内外常用的内燃机滑动轴承材料的特点;介绍了连杆衬套的常见加工工艺,详细阐述了强力旋压加工技术的分类、机理及质量控制;针对大功率、高密度柴油机连杆衬套要求,以锡青铜为原材料,结合强力旋压工艺,介绍了连杆衬套强力旋压加工技术的具体实施,为后续旋压成形数值仿真和工艺参数优化设计奠定了基础。

(1)针对连杆衬套强力旋压实际加工情况,确定了无错距强力正旋压的旋压方式;根据已有理论确定了工艺参数,对有限元模型进行了有别于以往研究的边界条件约束及运动加载,利用弹塑性有限元法对强力旋压成形过程进行了数值模拟,得出了旋压力合力及其三向分力变化规律、应力应变分布规律、材料流动情况、材料的堆积规律,全面揭示了强力旋压的成形过程。

(2)选取评价强力旋压成形制品的质量参数和工艺参数,采用单一轮换法,对成形过程进行仿真,得到了各主要工艺参数对成形质量参数的影响规律,进行了虚拟正交试验设计,并结合有限元仿真为神经网络建模提供了样本。应用 BP 神经网络技术,在强力旋压工艺参数和成形件的质量之间建立起非线性映射关系。将仿真结果作为样本数据对神经网络模型进行训练,以实现对成形件质量的预测。以工艺参数与成形件质量间的非线性函数关系作为适应度函数,建立了强力旋压成形工艺参数多目标的优化模型,应用遗传算法对工艺参数进行了优化,得到了最优工艺参数组合。

(3)考虑发动机连杆衬套承受过盈装配和活塞销传递的交变载荷的影响,应用有限元方法分析计算了连杆衬套的强度问题,特别是分析计算影响活塞销-连杆-衬套三体接触在最大爆发压力下的强度问题,以及衬套材料、设计参数对衬套强度的影响规律。在此基础上分析了不同衬套过盈量下连杆小头和衬套爆压时刻的等效应力、变形规律和微动特性,总结、归纳了连杆摆角、过盈量和摩擦系数对衬套微动关键参数的影响规律。

(4)从等温条件下不可压缩流体平均流量模型出发,结合平均流量模型和表面峰元接触理论,建立了活塞销-衬套润滑的理论模型,探讨了考虑挤压效应的平均流量模型的求解方法。通过将平均流量理论与峰元承载模型相结合,分析了三种特征工况下衬套表面粗糙度、半径间隙等轴承设计参数对润滑特性(油膜压力、摩擦力、膜厚比)的影响规律。

(5)论述了连杆轴承摩擦磨损试验的分类、模拟试验及试验参数的选择、摩擦磨损试验中的测试技术等;研制了连杆衬套摩擦磨损模拟试验台,并针对强力旋压连杆衬套进行了摩擦磨损模拟试验,验证了强力旋压锡青铜连杆衬套良好的减摩耐磨性能。

参 考 文 献

[1]　李柱国. 内燃机滑动轴承[M]. 上海：上海交通大学出版社，2003.

[2]　柴油机设计手册编辑委员会. 柴油机设计手册[M]. 北京：中国农业机械出版社，1984.

[3]　赵俊生，王建平，等. 摆动摩擦副摩擦磨损模拟试验台研制[J]. 润滑与密封，2014，39（3）：101-104.

[4]　李世君. 大型立式强力旋压机电液伺服系统的研究[D]. 杭州：浙江大学，2008.

[5]　赵云豪，李彦利. 旋压技术与应用[M]. 北京：机械工业出版社，2008.

[6]　Wang Q，Wang Z R. Numerical simulation and experimental study on the new process of two-roller bending spinning[C]. Proceedings of the Fourth International Conference on Technology of Plasticity，1993，13：1387-1390.

[7]　Zhao X M，Lu Y，Wang T. Optimization of the technical parameters and test research on stagger spinning[C]. Proceedings of the Fourth International Conference on Technology of Plasticity，1993，13：1426-1431.

[8]　Hayama M，Kudo H. Analysis of diametrical growth and working forces in tube spinning [J]. Bulletin of Japan Society of Mechanical Engineers，1979，22：776-784.

[9]　Kalpakcioglu S. Maximum reduction in power spinning of tubes[J]. Journal of Engineering for Industry，Transaction of the ASME，1964，86：49-54.

[10]　Thomsen E G，Kobayashi S. Discussion：A study of shear-spinnability of metals[J]. Journal of Manufacturing Science and Engineering，1961，83（4）：483-484.

[11]　Kobayashi S，Thomsen E G，MacDonald A G. Some aspects of press forging[J]. International Journal of Mechanical Sciences，1960，1（2-3）：282-300.

[12]　Jaeob H. Erfahrungen beim fliessdrueken zylindriseher werkstueke[J]. Fertigungsteehnik and Betrieb，1962，12（3）：169.

[13]　Hayama M. Theoretical study of tube spinning[J]. Bulletin the Faculty of Engineering，Yokohama National University，1966：33.

[14]　Mohan T R，Mishra R. Studies on powers pinning of tubes[J]. International Journal of Production Research，1972，10（4）：351.

[15]　Bennich P. Tube spinning[J]. International Journal of Production Research，1976，14（1）：11.

[16]　马泽恩. 筒形件强力旋压的变形分析与旋压力计算[J]. 西北工业大学大学学报，1978，（2）：159-179.

[17]　孙存福，陈企芳. 锥形件强力旋压力的测试分析和模型实验法[J]. 锻压技术，1982，（4）：10-16.

[18]　洪奕，李先禄，周吉全. 用光弹贴片法测定强力旋压薄壁筒的残余应力分布[J]. 锻压技术，1986，（2）：48-52.

[19]　翟德华. 大尺寸高精度 H62 黄铜管热处理和强力旋压[C]. 第四届金属材料及热处理年

会论文集,1991:56-62.

[20] 黄皆捷. 筒形件强力旋压数据库及生产参数优选[J]. 上海交通大学学报,1993,(5):104-111.

[21] 周贤宾. 塑性加工技术的发展——更精、更省、更净[J]. 中国机械工程,2003,(1-6):85-90.

[22] 赵军,马瑞. 板材成形新技术及其发展趋势[J]. 金属成形工艺,2003,21(2):1-9.

[23] Quigley E,Monaghan J. The finite element modeling of conventional spinning using multi-domain models[J]. Journal of Materials Processing Technology,2002,124(3):360-365.

[24] Quigley E, Monaghan J. Enhanced finite element of metal spinning [J]. Journal of Materials Processing Technology,2002,121(1):43-49.

[25] Quigley E,Monaghan J. Metal forming:An analysis of spinning processes[J]. Journal of Materials Processing Technology,2000,103(1):114-119.

[26] Park J W,Kim Y H. Analysis of tube-spinning processes by the upper-bound stream-function method[J]. Journal of Materials Processing Technology,1997,66(1):195-203.

[27] Slattery J C,Lee S. Analysis of melt spinning[J]. Journal of Non-Newtonian Fluid Mechanic,2000,89(3):273-286.

[28] Ziabicki A,Jarecki L,Wasiak A. Dynamic modeling of melt spinning[J]. Computational and Theoretical Polymer Science,1998,8(1):143-157.

[29] 柏艳辉,周南强,潘振显,等. 旋压成型工艺的计算机仿真模拟技术[C]. 中国工程物理研究院科技年报,2000:395-398.

[30] Gur M,Tirosh J. Plastic flow instability under compressive loading during shear spinning process[J]. Journal of Engineering for Industry,Transaction of the ASME,1982,104(1):17-22.

[31] 周照耀,王真,赵宪明,等. 筒形件强力旋压的刚塑性有限元分析[J]. 塑性工程学报,1994,(1):37-42.

[32] 赵宪明,吕炎,薛克敏. 筒形件强旋三维弹塑性有限元分析[J]. 塑性工程学报,1995,(4):46-54.

[33] 赵宪明,吕炎,李克智,等. LY12大直径薄壁筒错距旋压工艺参数的优化计算[J]. 塑性工程学报,1995,(4):40-45.

[34] 李克智,李贺军,吕炎. 筒形旋压件内径尺寸精度预测[J]. 航空工艺技术,1998,(5):11-13.

[35] 李克智,李贺军,吕炎,等. 旋压筒形件残余应力的数值模拟[J]. 塑性工程学报,1998,(3):60-63.

[36] 杨艳子,郭宝峰,金淼. 基于BP网络的机械扩径工艺参数预测方法[J]. 塑性工程学报,2008,(3):147-151.

[37] Hagan M T,Demuth H B,Beale M. 神经网络设计[M]. 北京:机械工业出版社,2003.

[38] 孙宇,曾伟东,赵永庆,等. 基于BP神经网络的TC11钛合金工艺-性能模型预测[J]. 稀有金属材料与工程,2011,(11):1951-1955.

[39] Chun M S, Biglou J, Lenard J G, et al. Using neutral networks to predict parameters in hot working of aluminum alloys[J]. Journal of Materials Processing Technology, 1999, 86: 245-251.

[40] Luong L H, Speding T A. A neutral-network system for predicting machining behavior [J]. Journal of Materials Processing Technology, 1995, 52: 585-591.

[41] 王东哲, 等. 基于神经网络的模具智能制造技术[J]. 锻压技术, 1999, (4): 56-59.

[42] 李帆, 翟福宝, 张质良. 使用人工神经网络对强力旋压有限元模拟进行参数预选[J]. 锻压技术, 2002, (1): 32-35.

[43] 张剑, 汤禹成. 基于 BP 神经网络响应曲面的筒形件强力旋压工艺参数优化研究[J]. 锻压装备与制造技术, 2007, (1): 71-75.

[44] 伊卫林, 黄鸿雁, 韩万金. 跨声压气机动叶周向弯曲的数值优化设计[J]. 航空动力学报, 2006, (3): 480-484.

[45] 齐乐华, 侯俊杰, 杨茂奎, 等. 液态挤压工艺 ANN/GA 建模与优化研究[J]. 西北工业大学学报, 2001, (1): 114-117.

[46] Chung J S, Hwang S M. Application of a genetic algorithm to the optional design of the die shape in extrusion[J]. Journal of Materials Processing Technology, 1997, 72: 69-77.

[47] 王成勇, 朱汝城, 王婉璐. 基于神经网络与遗传算法的压铸工艺参数优化[J]. 塑性工程学报, 2011, (3): 105-110.

[48] 杨艳子. 基于 BP 网络和稳健性分析的机械扩径工艺参数优化[D]. 秦皇岛: 燕山大学, 2010.

[49] 钟志华, 李光耀. 薄板冲压成形过程的计算机仿真与应用[M]. 北京: 北京理工大学出版社, 1998.

[50] 龚志辉, 钟志华. 基于嵌套遗传算法实现汽车覆盖件回弹的评价[J]. 汽车工程, 2006, (10): 948-951.

[51] 朱心雄. 自由曲线曲面造形技术[M]. 北京: 科学出版社, 2000.

[52] 李敏强, 寇纪淞, 林丹, 等. 遗传算法的基本理论与应用[M]. 北京: 科学出版社, 2003.

[53] Goenka P K, Oh K P. An optimum short bearing theory for elastohydrodynamic solution of a journal bearing[J]. ASME Journal of Tribology, 1986, 8(2): 294-299.

[54] Dowson D. A generalized Reynolds equation for fluid film lubrication[J]. International Journal of Mechanical Science, 1962, 4(2): 159-169.

[55] Dowson D, Hudson J D, March C N. An experimental investigation of the thermal equilibrium of steadily load journal bearings[C]. Proceedings of the Institution of Mechanical, 1967, 191(2): 70-80.

[56] Booker J F. Dynamically-loaded journal bearings: Mobility method of solution[J]. Wear, 1967, 10(3): 249.

[57] Hahn H W. Dynamically loaded journal bearing of finite length[C]. Conference on Lubrication and Wear Clue, 1957.

[58] Holland J. Contribution to the determination of the lubrication conditions in internal com-

bustion engines[J]. Wear,1961,4(3):250.

[59]　Wang P,Keith T G,Vidyanathan K. Combined surface roughness pattern and non-Newtonian effects on the performance of dynamically loaded journal bearings[J]. Tribology Transactions,2002,45(1):1-10.

[60]　高明,龙劲松. 动载滑动轴承轴心轨迹计算机模拟中 Holland 方法的改进[J]. 西南交通大学学报,1997,(6):294-299.

[61]　陈志恒,褚觉熙. 四冲程内燃机活塞销轴承轴心轨迹计算[J]. 柴油机,1996,(4):29-34.

[62]　Halling J. Principles and applications of tribology[J]. Wear,1977,42(1):199.

[63]　李柱国,石云山,张乐山,等. 柴油机滑动轴承[M]. 上海:上海交通大学出版社,2003.

[64]　李康. Chase 摩擦材料试验机及其测试规范[J]. 摩擦磨损,1987,(4):44-49.

[65]　王铁山,等. 摩擦材料试验机的分类与特性[J]. 吉林工业大学学报,1994,(3):100-111.

[66]　Tevruz T. Tribological behaviors of bronze filled poly tetrafluoroethylene dry journal bearings[J]. Wear,1991,230:61-69.

[67]　Gao J,Mao S,Feng D,et al. Tribochemical effects of some polymers/stainless steel[J]. Wear,1997,212:238-243.

[68]　宋云峰,郭强,罗唯力. 摆动式轴承摩擦磨损特性的试验方法及设备[J]. 理化检验(物理分册),2001,37(7):288-291.

[69]　姜韶峰,杨咸起,庄汀生. 新型关节轴承寿命试验机及关节轴承寿命判断标准[J]. 轴承,1996,(6):30-33.

[70]　洪富岳,蒋志雄,荻葆章,等. 大中型关节轴承磨损寿命试验机[J]. 轴承,1997,(12):31-34.

[71]　赵源,高万振,高志,等. 轴承材料往复磨损试验机的研制[J]. 摩擦磨损,1987,(3):38-43.

第2章 柴油机连杆衬套材料及加工工艺

2.1 引 言

国内连杆衬套现行加工成形方法中的真空吸铸和粉末冶金连杆衬套的比压力值一般较难达到大功率柴油机的强度要求,卷制连杆衬套综合废品率高,工艺重复性差[1]。国外开发出的镀锡方法及为保护锡层而采用的三金属结构,其寿命因锡层的扩散而不能满足要求[2]。

旋压作为金属塑性加工的一个重要分支,具有柔性好、成本低廉等优点,适合加工多种金属材料,是一种经济、快速成形薄壁回转体零件的方法。与其他冲压工艺方法相比,它能制造出形状多样、尺寸各异的产品,特别是在结合高效、精密的数控技术后,更具有明显的优越性。因此,不仅在航空、航天、兵器等金属精密加工技术领域占有重要地位,而且在化工、机械制造、电子及轻工业等领域也得到了广泛的应用。强力旋压加工的连杆衬套具有综合力学性能好、疲劳强度高、承载能力大等优点,是高速柴油机连杆衬套的理想加工工艺。

本章系统地阐述了大功率、高密度柴油机使用的强力旋压衬套的机理、工艺、质量控制及强力旋压加工的技术实施,对从事内燃机滑动轴承设计、制造、材料的有关工程技术人员具有一定的参考价值。

2.2 连杆衬套材料及加工工艺

2.2.1 连杆衬套材料概述

针对连杆衬套的工作特性,理想的衬套材料应具有下列性能[3]:减摩性、耐磨性、抗咬合性、可嵌入性、跑合性、承载能力、抗疲劳性、亲油性、耐蚀性。上述滑动轴承材料的各种性能常是相互矛盾的,实际上没有一种材料能同时满足这些性能要求。因此,轴承材料必须根据其使用条件进行合理的选择。尽管可采用的工程材料范围很广,但针对滑动轴承对材料所提的要求,现代轴承材料主要有以下几种:巴氏合金、铜合金、铝合金、多孔金属、非金属材料等[4~6]。

目前,国外常用的内燃机滑动轴承材料有锡基合金、铅基合金、铜基合金及铝基合金等[7]。按用途可分为轴瓦用滑动轴承材料及衬套用滑动轴承材料。锡基及铅基合金(统称为巴氏合金)是最早应用于发动机滑动轴承的材料之一[8]。虽然该合金具有良好的抗咬黏性、顺应性、嵌入性、耐腐蚀性、线膨胀系数小及工艺性能好等优点,但由于其抗疲劳强度较低,合金层易出现疲劳裂纹和剥落,所以只能应用于小型、轻载的汽车发动机轴瓦或作为衬套材料使用。其中,锡基合金由于锡的价格较贵,所以其生产量正在逐渐减少并由铅基合金轴承材料代替。

铜基合金轴承材料由于其具有较高的疲劳强度,目前仍是国外重载发动机滑动轴承的主要材料。常用的铜基合金主要由铜、铅、锡元素组成。其中,作为轴瓦用铜铅合金的平均含铅量达 $24\%\sim30\%$,而衬套用铜基合金的铅、锡含量均在 10% 左右。由于铜铅合金的耐腐蚀性、嵌入性、顺应性和抗咬黏性均较其他合金差,所以在用于发动机轴瓦时,其合金表面需要电镀一层较薄的软合金(称为镀层材料)来提高轴承合金的表面性能。目前,较普遍使用的镀层材料有二元电镀(PbSn10、PbIn7)和三元电镀(PbSn10Cu2)。上述镀层材料均以铅为主要元素(含铅约 90%)。

长期以来,由于铅在生产、电镀过程中的污染以及轴瓦废弃后的二次污染问题,对环境造成了巨大的危害,这一问题已越来越引起国外滑动轴承行业的关注;特别是国际标准 ISO 4383:2000 增加了一条重要的注释——"将来由于环保要求将限制某些铅类材料的使用",使得国外一些滑动轴承制造厂商已开始积极开发用于滑动轴承的低铅或不含铅的铜(铝)基合金以及不含铅的镀层材料。目前,国外重载发动机已开发出无铅或低铅铜基轴承材料(如日本的 HS100、HS210);对于轴套类滑动轴承,国外(特别是日本)正逐步用磷青铜(CuSn8P)取代传统的双 10 铜铅合金(CuPb10Sn10);镀层材料已采用阴极溅镀铝锡合金、电镀锡基合金(如SnCu6 及 SnSb7)代替铅基镀层材料。

铝基合金由于其较高的力学性能、热传导性和良好的耐腐蚀性,且资源丰富、价格低廉,已成为国外中、轻载发动机(包括轿车发动机)滑动轴承的主要材料之一[9]。铝基滑动轴承材料的种类较多,按其所含元素及含量不同可分为高锡铝合金(Sn≥20%)、低锡铝合金(Sn≤6%)、中锡铝合金(6%<Sn<20%)、铝(锡)硅金、铝铅合金及铝锌合金等。

随着汽车工业的发展、汽车发动机性能的不断强化和提高,承载能力高、轴承性能适中的中锡铝合金、铝(锡)硅合金的应用在日本及欧洲等国家和地区越来越普遍,在发动机轴瓦领域正在逐步取代高锡铝合金[10,11]。低锡铝合金由于嵌入性和顺应性稍差,需要在合金表面电镀一层较软的镀层材料来提高其表面性能。铝铅合金曾经是美国、日本等国家为节约价格较贵的锡所开发出来的滑动轴承材料,该合金在耐磨性、承载能力和抗咬合性方面都优于高锡铝合金,所以在轴承材料领域曾风靡一时。但是由于其生产工艺复杂,且含有铅元素而不能满足环保要求,其应用领域越来越小,有逐渐被淘汰的趋势。铝锌合金(如 SAE785、AlZn4SiPb 及

AlZn4.5Mg 等)的应用还不太普遍,只有德国、奥地利及日本等国的几个公司生产。这类轴承材料的硬度较高,其顺应性和嵌入性较差,故需要在合金表面电镀一层较薄的软合金以改善其表面性能。该材料适用于高承载能力的发动机轴瓦。随着世界各国对环境保护的日益重视和严格执行汽车排放法规,铝锌合金的应用将越来越广泛。

国内在内燃机滑动轴承的材料在种类上基本与国外相同,国家标准规定的滑动轴承材料牌号已列入 GB/T 18326—2001《滑动轴承　薄壁滑动轴承用多层材料》中,该标准在基本技术内容上等效采用国际标准 ISO 4383:2000,只是根据我国目前滑动轴承技术和生产发展的现状,在铝基合金中增加了中锡铝合金 AlSn12Si2.5Pb1.7。国内滑动轴承的主要材料基本上以传统的铜基合金、20 高锡铝合金为主,已经淘汰了铝铅合金。与国外相比,我国在铝基滑动轴承材料的应用、开发及研制方面进展也比较快[12]。传统的高锡铝合金(AlSn20Cu)的疲劳极限已达到 83～97MPa,基本达到了国外同类产品的水平;对于中锡及低锡铝合金,其疲劳强度均达到 111MPa,个别的甚至超过了 120MPa。在中锡铝合金轴承材料中,含锡 10％～12％ 的铝合金在国内已形成规模性生产,而含锡更低(8％以下)的铝合金在国内只处于研制阶段,其性能还需要进一步稳定及提高。目前,国内已有材料厂家注意到了安全环保及排放要求这一信息,开始开发、生产铝锌合金材料,以及用于自润滑轴承中的 DU 材料和 DX 材料。

2.2.2　衬套加工工艺

从国内滑动轴承的生产现状来看,铜基合金的生产以连续带式粉末烧结为主,部分采用块状粉末烧结[13,14]。国外采用的连续带式浇注,其初期投资大,开发新品种时生产线调整周期长,在我国还无此生产线。铝基合金的生产一般采用连续带式或块状固-固复合轧制工艺,在国外已成功应用液-固复合轧制工艺,而在国内已有科研院所正在进行研制与开发。

相对于国外,目前国内的发动机连杆衬套的研制有很大的差距,在较高温度下使用,大部分衬套材料表现为共晶硅铝合金的亚共晶型金相组织的耐热性、膨胀稀疏和体积稳定性等均不能适应其发展的要求,虽然增加了材料的铸造性能,但提高了生产成本,也不能避免界面反应引起的界面脆性层的形成和纤维强度的弱化;除此之外,生产工艺较复杂,不易于对工艺参数进行精确控制,从而得到所要求的制品[15,16]。

铸造铅青铜材料(ZCuPb10Sn10)具有良好的耐磨性、自润滑性和耐腐蚀性,适应承受高速、大负荷工作环境,广泛应用于车辆发动机内的止推轴承板类零件。虽然铸造铅青铜有以上诸多优点,但其伸长率是制约其大批量高效挤压生产的薄弱环节。目前工程上采用切削生产工艺,生产效率低、材料利用率低、成本高,加之铸造组织内部偏析疏松等缺陷致使该类零件产成率较低,也是引起挤压裂纹的微观因素,这就使得活塞衬套材料的使用性能及使用时间大大降低。

目前,常用的真空吸铸和粉末冶金加工的连杆衬套比压力值一般较难达到29.4MPa以上。强力旋压加工可充分细化晶粒组织,提高成品强塑性,旋压后的衬套表面具有优良的抗疲劳性能和耐磨性能,有利于提高衬套的疲劳强度和承载能力。

锡青铜不仅具有较高的疲劳强度和承载能力,还具有较好的轴承特性,如抗咬黏性、顺应性、嵌藏性、耐腐蚀性和耐磨性等优点[17]。强力旋压工艺使金属件金相组织变化的同时,其力学性能也相应地发生变化,金属材料强力旋压后,强度指标提高,材料的电阻率增大,热导率和磁导率降低,内应力使材料抗腐蚀性降低。近年来,应用强力旋压工艺研制的锡青铜衬套得到了广泛关注和应用,并在大功率柴油机中成功应用,起到了良好的承载、减磨效果。

2.3　强力旋压加工技术

2.3.1　工艺分类

金属旋压时毛坯装卡于芯模并随其旋转,也可使旋压工具(旋轮)绕毛坯旋转,旋压工具与芯模相对进给,使毛坯受压并产生连续逐点变形。这是一种生产薄壁回转体工件的成形工艺。旋压工艺主要分为普通旋压和强力旋压(变薄旋压),又可分别简称为普旋和强旋。在旋压工艺的应用中,又派生出特种旋压成形和局部旋压成形[18]。

金属旋压具有变形条件好、制品性能优、尺寸公差小、材料利用率高、制品类别广泛、可旋制整体无缝空心回转体等优点,广泛应用于国民经济各相关部门。根据旋压变形特征、壁厚减薄程度、工件几何形状等可对旋压工艺进行分类。

1. 普通旋压

主要改变坯料形状,而壁厚尺寸基本不变或改变较少,这类旋压成形过程称为普通旋压。普通旋压主要以改变板料直径尺寸来成形工件,是加工薄壁回转体的无切削成形工艺过程,通过旋轮对转动的金属圆板或预成形坯料做进给运动并旋压成形。

普通旋压的变形特征是金属板坯在变形中产生直径上的收缩或扩张,由此带来的壁厚变化则为从属;直径上的变化容易引起失稳或局部减薄,故普通旋压过程一般分多道次进给逐步完成。

按照旋轮进给方向是顺敞口端或逆敞口端的区别,普通旋压又有往程旋压与回程旋压之分。为防止局部变形产生皱折或拉断,常分多道次旋压并择优组合往程旋压与回程旋压。

　　按照变形温度的不同,普通旋压可分为冷旋压和热旋压。冷旋压即室温旋压,室温旋压过程用于延性好、加工硬化指数低的材料。常用的材料有纯铝、金、银、铜等。当旋压塑性低、硬化指数高的材料,且机床能力不足时,可采用热旋压,热旋压常用的材料有铝-镁系合金、难熔金属、钛合金等。

　　普通冷旋压加工工件直径为 $\phi 10\sim\phi 8000$,坯厚为 $0.5\sim30$mm;热旋压加工工件坯厚可达 $150\sim200$mm。

　　大型封头普通旋压以拉深变形为主,又称为无芯模旋压,有一步法和两步法之分,可成形冲压工艺无法成形的超大规格封头。普通旋压主要分类如下:

$$拉深旋压\begin{cases}简单拉深旋压\\多道次拉深旋压\end{cases}$$

$$缩径旋压-局部成形\begin{cases}缩径与缩口\\压槽与滚螺纹\\封口与校形\end{cases}$$

$$扩径旋压-扩口\begin{cases}胀形\\压肋\end{cases}$$

$$制梗\begin{cases}单件成形——卷边与制扁梗\\咬接——圆梗与扁梗咬接\end{cases}$$

　　普通旋压件直径公差可达到直径的 0.5%,乃至 0.1%;由于是点变形,旋压力比冲压力低约 80%;一次装卡完成多道工序,加热成形极为方便。

　　2. 强力旋压

　　坯料形状与壁厚同时改变的旋压成形过程称为变薄旋压,又称为强力旋压。变薄旋压与普通旋压的区别是变薄旋压属于体积成形范畴,在变形过程中主要使壁厚减薄而坯料体积基本不变,成品形状完全由芯模尺寸决定,成品尺寸精度取决于工艺参数的合理匹配。筒形(管型)件强力旋压加工示意图如图 2.1 所示。

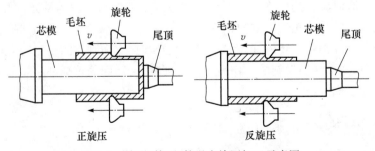

图 2.1　筒形(管型)件强力旋压加工示意图

变薄旋压的主要类别如下:

（1）按变形性质和工作形状分为异形剪切旋压和筒形流动旋压；

（2）按旋轮与坯料流动方向分为正向旋压与反向旋压；

（3）按旋轮和坯料相对位置分为内径旋压与外径旋压；

（4）按旋压工具分为旋轮旋压与滚珠旋压；

（5）按加热与否分为冷态旋压和加热旋压。

异形剪切旋压，适于锥形、抛物线形及各种曲母线形工件的成形。筒形流动旋压，主要缩减管状形材壁厚，多为带底与不带底的筒形件、带台阶的管材等。正向旋压时变形坯料的流向与旋轮进给方向相同，反向旋压时则相反。强力旋压件具有小的壁厚差，优于普通旋压及拉深的直径精度。筒形件强力旋压可达到的精度与工件直径有关，工件直径每增加 10mm，直径公差增大约 0.01mm。强力旋压可以细化晶粒，提高强度和抗疲劳性能，有助于产品综合性能的提高，延长使用寿命并减轻成品重量。

2.3.2　强力旋压机理

1. 主体运动

筒形件强力旋压的主体运动多数是工件由芯模带动做旋转运动，工件的塑性变形依靠旋轮的轴向和径向进给，对坯料实施碾压运动来完成。径向受压缩的工件在旋压时受到轴向和周向的阻碍而产生变形，同时借助于摩擦力使旋轮旋转。因此，旋轮的旋转运动是被动的，其转速大小取决于工件的转速和工件与旋轮的半径比。旋轮与工件之间不仅有滚动摩擦，而且有滑动摩擦，并产生一定热量，需要充足的冷却与润滑。

2. 局部渐进

筒形件强力旋压是旋轮对工件局部施压的过程，通过工件与旋轮的相对运动而沿螺旋轨迹逐步连续推进，完成整个工件的成形。旋压成形过程中，坯料旋转产生变形，坯料上有一个连续位移的塑性变形区。变形区沿着螺旋线位移，螺距等于坯料旋转一圈时旋轮的位移量。正旋时材料流动方向与旋轮运动方向相同，反旋时材料流动方向与旋轮运动方向相反。

旋轮和工件都是旋转体，两者互相接触加压时，作为刚体的旋轮压入作为塑性体的工件中，其接触面为旋轮工作表面的一部分，接触面的轮廓是旋轮形体与工件形体的塑性变形区。

3. 变形特征

1）三个阶段

强力旋压整个变形过程可分为三个阶段，即起旋、稳定旋压和终旋阶段。三个阶段旋压过程和三个阶段的应力分布如图 2.2 所示。

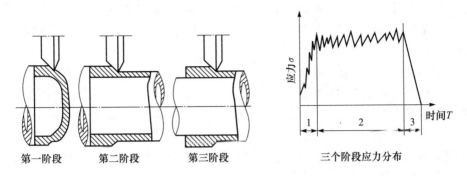

第一阶段   第二阶段   第三阶段   三个阶段应力分布

图 2.2 旋压三个阶段及应力分布

起旋阶段是从旋轮接触毛坯旋至达到所要求的壁厚减薄率。该阶段壁厚减薄率逐渐增大,旋压力相应递增,以至于达到极大值。

稳定旋压阶段为旋轮旋入毛坯达到所要求的壁厚减薄率后,旋压变形进入稳定阶段。该阶段旋压力和应力基本保持不变。

终旋阶段从距毛坯末端五倍毛坯厚度外开始至旋压终了。该阶段毛坯刚性及轴向阻力显著下降,旋压件内径扩大,旋压力逐渐降低。

2) 三个区域

筒形件强力旋压分为三个区域,即未成形区、成形区和已成形区,成形区即变形区,如图 2.3 所示。

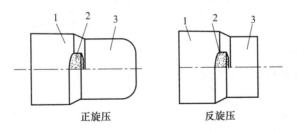

正旋压   反旋压

图 2.3 筒形件强力旋压三个区域
1. 未成形区;2. 成形区;3. 已成形区

2.3.3 强力旋压工艺

1. 工艺分类

强力旋压源于普通旋压,其成形过程是尾顶块将毛坯夹紧,芯模带动坯料旋转,旋轮碾压坯料做进给运动,使毛坯连续、逐点地变薄并贴靠芯模而成为所需要的工件。旋轮的运动轨迹由靠模板控制,也可用计算机程序控制[19]。

按工件外形的不同,可分为锥形、筒形及复合形三类强力旋压。复合形强力旋压件由锥形段、筒形段或曲线段组成,是锥形与筒形的组合强力旋压。

异形件(或锥形件)剪切旋压可采用板坯或较浅的顶制空心毛坯,按正弦规律塑性变形。

筒形件变薄旋压采用短而厚、内径基本不变的筒形毛坯,按体积不变原理变形。

室温变薄旋压又称为冷旋压,多用于低强度高塑性合金的旋压成形;冷旋坯料多为挤压管或锻件,可旋性较好。选择铸坯室温变薄旋压,退火间的减薄率应适量控制。镍基合金离心铸坯,旋压前需均匀化处理,开坯减薄率约为 25%,经 2~3 次中间退火后,因晶粒组织逐渐均匀细化,退火间累计减薄率可增至 50%,随着中间退火次数增加,累计变薄率相应增大。

室温变薄旋压可获得较好的尺寸精度,变薄旋压工件的尺寸精度优于普通旋压。

2. 筒形件旋压

1) 旋压坯料

筒形件旋压坯料要有较高的尺寸精度,坯料内径与芯模配合的间隙值应以变形金属塑流稳定为原则。如果坯料与芯模直径的间隙小,则有利于对中,为了便于装模,中小件的直径间隙为 0.10~0.20mm,大件可达 0.30~0.60mm。筒形旋压件坯料内径与芯模的间隙见表 2.1,其间隙的选择可参考坯料内径百分值。坯料壁厚差应为 0.1~0.2mm,垂直度误差应小于或等于 0.05~0.10mm,粗糙度一般为 3.2~6.4μm。

表 2.1　坯料内径与芯模的间隙

内径/mm	<100	100~200	200~400	400~700	700~1200	>1200
间隙<内径/%	0.25	0.2	0.15	0.1	0.08	0.06

强力旋压坯料尺寸计算原则依据体积不变规律。变薄旋压时,坯料内径与工件内径大致相同。

2) 正、反旋压

正旋压适用面较宽,旋压力较小,直径精度优于反旋压。反旋压的芯模及行程较短,其应用限于不带底的筒形件成形。对于不带底的筒形件也可以采用正旋压,但需要增加适当的工装。

3) 减薄率

变薄旋压减薄率(变薄率)反映工件的变形程度,即

$$\psi_{tn} = (t_n - t_{n+1})/t_n$$

其中,ψ_{tn} 为工件的道次减薄率。

$$\psi_t = (t_0 - t_f)/t_0$$

其中,ψ_t 为工件的总减薄率。

变薄旋压道次减薄率对工件内径的胀缩量及尺寸精度的影响较大,在总减薄率确定后,根据工艺条件和工件尺寸的精度要求,可分为若干道次进行变薄旋压。道次减薄率过大会造成工件塑性流动失稳堆积,表面易出现起皮。道次减薄率过小会引起工件厚度变形不均,工件内表面变形不充分而出现裂纹。

4) 进给率与转速

进给率是指芯模每转一圈旋轮沿工件母线的进给量。

强力旋压时,进给率对工件直径的胀缩和工件质量均有影响。适量的大进给率有助于缩径,小进给率易扩径,但表面质量较好。过大的进给率易造成旋轮前材料的堆积,出现起皮。

转速与进给率相关,旋轮轴向进给量不变时,转速高则进给率下降,转速低则进给率上升。转速过高时易引起机床振动,变形热量增加,需要大量冷却液。转速过低时,为保持一定的进给率需要低进给速度配合,机床易出现爬行。

5) 旋轮参数

工作角 α_ρ 过小易扩径,过大易隆起,常用选择范围是 $15°\sim30°$。圆角半径 $r_\rho=(0.5\sim1.5)t_0$,硬材料取小值。

单旋轮旋压径向力不平衡,适宜薄壁短件成形。双旋轮适于中等规格的旋压件成形,工件直径为 $\phi200\sim\phi300$,长度小于 2000mm。双旋轮旋压细长件易出现芯模振动,三旋轮受力合理。三旋轮均布优于三轮非均布配置。多轮旋压增加坯料夹紧可靠性,减少模具偏心,增加塑性变形区及有益改善应力分布。旋轮不同配置时示意图如图 2.4 所示。

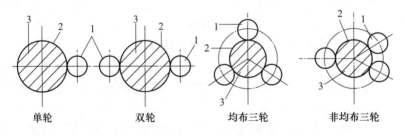

图 2.4　旋轮不同配置时示意图
1. 旋轮;2. 工件;3. 芯模

单轮旋压时,相当于局部变形区在工件圆柱面上沿螺旋线纵向推进,不平衡的径向力影响工件精度。双旋轮旋压可平衡径向旋压力,但是要防止高速旋转出现芯模振动。

三旋轮旋压时,不但径向力可互相平衡,而且变形区由点接触变为近似环形。即在旋压成形时,环形变形区在工件圆柱面上沿螺旋线纵向前进,变形条件得以改善,工件的尺寸、形状及表面质量大为提高。

2.3.4　旋压件质量控制

旋压件的质量包含材料组织结构、综合性能、几何尺寸、残余应力等。不同合金坯料,不同变形的金相组织,综合性能各异。旋压件的尺寸精度与表面质量受工装和工艺参数控制,高精度的工艺装备与合理的工艺参数是获取优质旋压产品的基础。旋压件的残余应力与旋压温度和退火温度相关,均匀的旋压变形与适合的退火温度,可以有效地控制旋压产品残余应力的稳定性。

1. 金相组织

强力旋压件的坯料在旋轮压力作用下产生塑性变形时,晶粒内部在一定的滑移面上沿一定的方向产生滑移,由此引起晶粒形状的畸变,旋压变形或经热处理使金相组织均匀致密。

室温强力旋压时,晶粒被压扁拉长,在旋压方向形成纤维组织。旋压工件壁厚变形不是均匀的压缩,而是由外向内逐渐加强。当旋压减薄率大于40%时,壁厚变形组织的均匀性基本一致。随着减薄率的增加,工件晶粒细化加剧;同时,材料中的夹杂物形态被破碎或拉长,减轻了对材料强度的不良影响。

加热强力旋压时,温度高于合金再结晶温度,在变形过程中将发生再结晶现象,使材料趋向于恢复原组织状态,材料旋后的金相组织变化不显著。

2. 力学性能

旋压件金相组织变化的同时,其力学性能也相应地发生变化。金属材料强力旋压后,强度指标提高,由于加工硬化,塑性指标降低。此外,材料的电阻率增大,热导率和磁导率降低,内应力使材料抗腐蚀性降低。

强力旋压过程和其他塑性变形过程一样,是位错运动过程。位错的不断移动与消失又产生了新位错,使变形过程得以继续。随着旋压减薄率增大,位错的密度增加,位错之间相互缠结形成胞状结构,从而使不能移动的位错数量增加,造成材料强度增加、塑性下降,即应变强化。随着减薄率的增大,点阵畸变逐渐趋于饱和,旋压强化工程也趋于极限。旋压件的力学性能与金相组织的变化是一致的。由于旋压件壁厚变形的不均匀性,其内外层硬度也有一定的差别。外层硬度大于内层,毛坯越厚,硬度差值越大。随着减薄率增加,内外层硬度将趋于均匀。

3. 尺寸精度

管材旋压的尺寸精度包括直径、壁厚及长度等。旋压件的直径精度有内径和外径之分,壁厚精度有壁厚偏差和壁厚差之别。壁厚偏差是壁厚的实际尺寸相对于基本尺寸的差别;壁厚差是壁厚实际尺寸之间的差值,它与壁厚的基本尺寸无直接关系。

影响旋压件尺寸精度的主要因素如下：

(1) 简单的小规格工件尺寸精度容易提高,反之则降低；

(2) 坯料椭圆度与壁厚差小,有利于保证尺寸精度；

(3) 芯模与旋轮加工尺寸精确,是旋压高精度产品的基础；

(4) 有效控制合理工艺参数,工件收径贴模可获取高精度产品；

(5) 主轴偏摆小和导轨间隙小,设备的精度与状态良好,旋压产品精度高；

(6) 芯模与主轴良好配合,旋轮轴间隙合理,即设备与工装精确调整,有助于旋压件尺寸精度的提高。

4. 表面质量

工件的表面粗糙度有内表面粗糙度与外表面粗糙度之分。内表面粗糙度取决于芯模表面粗糙度,并与坯料内表面状况、润滑条件及变形程度等有关。

旋轮圆角半径和进给率是影响工件外表面粗糙度的主要工艺因素。提高外表面质量还应考虑如下措施：

(1) 防止机床振动和爬行；

(2) 防止旋轮前产生隆起失稳；

(3) 加强润滑及减小旋轮工作角(成形角)。

5. 残余应力

在强力旋压变形工程中,工件中有两种应力：一种是由外力引起的基本应力,当外力消失后,基本应力随即消失；另一种是变形不均匀产生的附加残余应力。残余应力有如下三类：

(1) 一部分材料与另一部分材料之间的残余应力；

(2) 晶粒之间的残余应力；

(3) 晶粒内部的残余应力。

旋压变形伴随一定的切向扭曲。由于组织性能、旋压温度、各层金属变形量的不一致,以及工件内外摩擦的影响,旋压变形是不均匀的。

材料在塑性变形时,受旋轮和芯模的摩擦作用而改变流动状况,使旋压件沿壁厚方向产生速度梯度,引起工件内外层附加应力,即残余应力。摩擦力越大,则残余应力越大。

旋轮对材料的压力直接作用于旋压件的外表面,并沿壁厚方向由外层向内层传递。实践证明,外层金属的变形量大于内层,即外层变形时的轴向伸长量大于内层。变形的不均匀性引起旋压件外层产生轴向附加压应力,内层产生轴向附加拉应力。旋压变形产生塑性流动和摩擦热,使工件升温。由于内外层变形不均,摩擦热主要产生于外表面,形成温度应力。温度高、温差大,则残余应力也大。工件中的残余应力可以在一定的温度下,经过一定时间的热处理而得到消除。热旋压工件残余应力小于冷旋压工件,有些旋压工件不需要消除残余应力退火。冷旋压工件以产品综合力学性能的要求和消除残余应力的程度作为退火温度选择的依据。有的旋压件需要固溶时效,有的旋压件需要高温真空退火。

2.3.5　缺陷的种类与控制

旋压件质量是通过综合工艺条件保证的,任一工艺条件选择不当,均可出现工件缺陷。有些缺陷的避免要综合考虑,如小进给率可提高表面质量,但易出现扩径与椭圆;大进给率可控制旋压件尺寸精度,但易出现失稳堆积。

生产实践表明,坯料尺寸与形状不符合要求、工具设计不合理、加工精度低下,将导致旋压过程出现不良现象和旋压件缺陷。旋压件常见缺陷产生的原因及其消除措施见表 2.2。

表 2.2　旋压件常见缺陷及消除措施

缺陷种类	产生原因	防止措施
起皮	减薄率过大,进给率过大,旋轮工作角偏大,无趋进角,旋轮不光滑及润滑不充分,坯料表面有缺陷	适量降低 ψ_1、f、α_ρ,使用带趋进角旋轮,出现起皮及时修除,抛光旋轮表面,充分润滑冷却,消除坯料表面缺陷
波纹	芯模偏摆较大,工件不圆及转速过高,传动系统油路含气,设备刚性差,坯料壁厚不均	适量降低转速,排放油路气体,减小变形量,加热旋压,改善冷却与润滑
鼓包	进给率过小,工件扩径大,热旋温度偏高,材料退火不均,硬度值太低	适量增加进给率,控制工件收径,降低椭圆度,有效控制热旋温度,控制工件均匀退火
裂纹	减薄率、进给率、旋轮工作角同时较大,减薄量大于旋轮趋进带压下量,加工硬化	适量选择减薄率、进给率、旋轮工作角,以变形不失稳为原则,及时退火消除应力
直线度差	坯料壁厚差偏大,定位环端面不平,旋轮间压力不平衡	坯料壁厚差≤0.20mm,修正定位环端面,匹配旋轮几何结构,采用压力平衡器
扩径量大	旋轮圆角半径过大,减薄率偏大,轴向进给量较小	选择合理的旋轮圆角半径和减薄率,适当提高轴向进给量

2.4　连杆衬套强力旋压加工技术实施

柴油机连杆衬套是活塞与连杆的连接部件之一,在其工作中承受着气缸爆发压力和连杆惯性力的交替作用,又由于受活塞热负荷的影响,连杆衬套工作温度较高,加上润滑不很充分,其工作条件十分恶劣。连杆衬套的早期磨损、冲蚀和烧蚀,会堵死油孔,引发事故。因此,其性能的好坏直接影响着柴油机的可靠性和使用寿命,柴油机滑动轴承材料和制造技术的研究开发工作是柴油机设计和制造过程中的难点之一。由于高速柴油机的连杆衬套工作在比压大、温度高、润滑不良的环境中,对其性能提出了更高的要求。为此,采用旋压技术对连杆衬套进行加工。

1. 衬套材料

衬套坯料合金的化学成分和力学性能见表 2.3。

表 2.3　衬套坯料合金的化学成分和力学性能

牌号	化学成分/%					力学性能			供货状态	
	Sn	P	Fe	Ni	Zn	σ_b/(N/mm^2)	δ_{10}/%	HB	品种	状态
QSn7-0.2	6.34	0.17	<0.05	<0.03	0.014	355	55	≥70	棒	R

注:材料的技术要求及其他要求应符合 GB 13808—92 的标准。

2. 旋压设备

旋压设备要求旋轮座具有足够的径向和轴向拖动力;主轴具有较大的传动功率;拥有受力部件的刚度、尾座的压紧力等。操作系统要协调准确以满足一定的精度要求。根据加工过程和特点选用 20F117 型尾管强力旋压机。其主要性能指标如下:

毛坯厚度　　　　有色金属<16mm;钢<10mm

坯料最大直径　　180mm

主轴转速　　　　1000r/min

主轴功率　　　　15kW

旋轮座数量　　　2个

油缸压力

　　旋轮横向(每个)　20t

　　旋轮纵向　　　　7.5t

　　尾顶　　　　　　2.5t

油缸行程

　　旋轮(横向)　　90mm

　　纵向　　　　　330mm

　　尾顶　　　　　330mm

旋轮进给速度(纵向)

　　空程速度　　　1500r/min

　　工作速度　　　100~500mm/min

　　回程速度　　　2000mm/min

3. 工艺设计

旋压工艺设计的依据是旋压件图形和技术条件,根据旋压件的特点和技术要求来选择合理的旋压工艺方案。在旋压成形之前,要备齐旋压工艺文件,包括设计旋压件坯料图,旋压工艺用模具及其他辅助工装图样,要拟定好旋压工艺过程及工艺参数,确定旋压机床等。在编制旋压件工艺规程时,要考虑备料制坯、机加工、旋压成形、热处理、成品处理及精整等工序。还应配以必要的检验工序,进行性能检测及相应记录等。在设计旋压工艺的过程中,应根据选用的材料及其状态进行总变形量、减薄率和热处理工艺的设计,以及芯模、旋轮、工装设计,以保证旋压件的性能及精度要求,力求简化工序、降低成本。

1) 工艺流程确定

强力旋压加工要求坯料必须是筒形或杯形,不能直接使用棒料加工。因为需要将锡青铜棒料预先制一盲孔,然后将其车削成圆杯形坯料,套装在芯模上正旋压成形。工艺流程为:下料—车毛坯件—检验 1—旋压—首件检验 2—退火—首件检验 3—精车—检验 4。

检验 1 的检验依据是旋压前毛坯图,确认毛坯尺寸规范符合加工要求。首件检验 2 的检验依据旋压后毛坯图,确认设计旋压参数及旋压后尺寸符合要求。首件检验 3 的检验依据是衬套所要求的力学性能,保证经旋压和退火工序后的衬套的力学性能可满足使用要求。检验 4 的检验目的是精加工的衬套机械尺寸符合图纸要求。

2) 工艺参数确定

强力旋压的工艺参数是指影响强旋变形过程的各种工艺参数。这种工艺参数的选择,直接影响着旋压过程,即影响旋压件的质量、旋压力的大小和旋压生产效率。影响旋压件性能的工艺参数很多,主要有减薄率、旋轮进给速度、芯模转速、旋轮工作圆弧半径、轮间错距和退火温度等。在此主要讨论减薄率和退火温度对衬套力学性能的影响。

不同减薄率衬套的力学性能试验结果见表 2.4 和图 2.5。

表 2.4　不同减薄率衬套的力学性能

力学性能	壁厚减薄率				
	0%	20.4%	32.7%	42.7%	57.3%
σ_b/MPa	370	685	732	751	781
δ_{10}/%	76.5	9.5	8.5	7.6	5.0

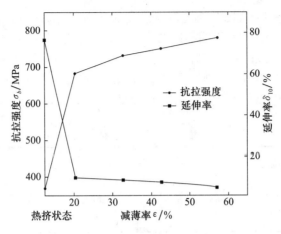

图 2.5　壁厚减薄率对力学性能的影响

从表 2.4 和图 2.5 可见,随着减薄率的增大,σ_b 增高,δ_{10} 降低。减薄率小于 20% 时,σ_b 和 δ_{10} 剧烈变化,σ_b 急剧上升,δ_{10} 急剧下降;减薄率大于 20% 时,σ_b 和 δ_{10} 变化缓慢。

衬套经旋压加工后内部的应力一般较大。为了使衬套既能满足一定的力学性能要求,又有较好的尺寸稳定性,必须对其进行退火。当减薄率固定在 32.7% 时,退火温度对衬套力学性能影响见表 2.5 和图 2.6。

表 2.5　不同退火温度衬套的力学性能

力学性能	退火温度				
	200℃	250℃	300℃	350℃	400℃
σ_b/MPa	742	750	665	572	420
δ_{10}/%	10	14	19	25	31

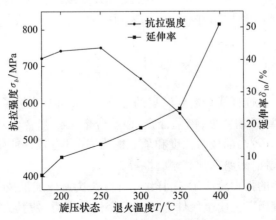

图 2.6　退火温度对衬套力学性能的影响

从表 2.5 和图 2.6 可见,随着退火温度的升高,σ_b 降低,δ_{10} 升高。200℃以下温度退火,对衬套的强度并无明显影响,但 δ_{10} 稍有升高;250℃以上温度退火,衬套的 σ_b 和 δ_{10} 变化较大,σ_b 明显下降,δ_{10} 明显上升;400℃以上温度退火,由于合金发生再结晶,σ_b 急剧下降,δ_{10} 急剧上升,衬套呈现软状态。

通过大量的工艺试验,确定了连杆衬套最佳工艺参数见表 2.6。

表 2.6　最佳工艺参数

工艺参数	数值	工艺参数	数值
壁厚减薄率	32.7%	芯模转速	1000r/min
进给速度	300mm/min	轮间错距	2mm
芯模工作圆弧半径	5mm	退火温度	300℃

4. 连杆衬套成品零件的力学性能

通过强力旋压加工出连杆衬套后,对退火前后的连杆衬套分别进行了力学性能试验[20~22],结果见表 2.7。

表 2.7　连杆衬套成品零件的力学性能

牌号	工艺参数		力学性能			
	减薄率/%	退火温度/℃	σ_b/MPa	$\sigma_{0.2}$/MPa	δ_{10}/%	HB
QSn7-0.2	32.7	300	719~772	603~690	11.2~18.6	189~205
QSn7-0.2	32.7	未退火	804~810	734~736	7.2~8.2	208~223
指标要求	—		≥580	≤480	≥10	160

坯料合金 QSn7-0.2 有较好的塑性变形能力,适合于进行旋压加工;旋压加工后的衬套在减薄率大于 20% 的情况下,强度有大幅度的提高,通过控制退火温度可获得良好的综合力学性能,并有较高的表面硬度。

2.5　小　　结

本章针对柴油机连杆衬套需要满足的性能要求,简要分析了国内外常用的内燃机滑动轴承材料(锡基合金、铅基合金、铜基合金及铝基合金)的特点。分析表明,锡青铜不仅具有较高的疲劳强度和承载能力,还具有较好的轴承特性,如抗咬黏性、顺应性、嵌藏性、耐腐蚀性和耐磨性等。

针对连杆衬套的强力旋压工艺,详细论述了强力旋压加工技术的分类、机理及质量控制。强力旋压工艺使金属件金相组织变化的同时,使其力学性能也相应地发生变化。金属材料强力旋压后,强度指标提高,材料的电阻率增大,热导率和磁导率降低,内应力使材料抗腐蚀性降低。

针对大功率、高密度柴油机连杆衬套要求,以锡青铜为原材料,结合强力旋压工艺,阐述了连杆衬套强力旋压加工技术的具体实施,为后续旋压成形数值仿真和工艺参数优化设计奠定了基础。

参 考 文 献

[1] 樊文欣,张涛,宰河金. 强力旋压加工的高速柴油机连杆衬套[J]. 车用发动机,1997,(2):32-23.

[2] Kira T,顾如龙. 高性能发动机活塞销衬套材料的研制[J]. 国外内燃机,2000,(4):22-26.

[3] 吴荣仁,陆君毅. 活塞式压缩机连杆小头衬套的选材[J]. 机械工程师,1999,(6):32-33.

[4] 钟毅芳,吴昌林,唐增宝. 机械设计[M]. 武汉:华中科技大学出版社,2001.

[5] 周世杰,黄沙棘,刘彤妍. 轿车活塞衬套材料研究进展[J]. 金属铸锻焊技术,2008,(3):104-106.

[6] 张宝义. 轴承材料及其发展[J]. 发动机配件技术,1992,(3):55-62.

[7] 赖华清,赖俊传. 汽车发动机铝活塞材料应用及研究的发展概况[J]. 湖北汽车,1998,(2):27-30.

[8] 王治海,烧结铁. 青铜连杆衬套材料的研究及应用[J]. 粉末冶金技术,1996,14(2):116-121.

[9] 兰晔峰,朱正锋. 铝合金用中间合金及其现状[J]. 轻金属,2004,(5):49-51.

[10] Jinno O,Tyagi M R,Kimura Y. Influence of surface roughness on friction and scuffing behavior of cast iron under sparse lubrication[J]. Tribology International,1996,29(2):129-136.

[11] Fang C K,Chuang T H. Surface morphologies and erosion rates of metallic building materials after sandblasting[J]. Wear,1999,230(2):156-164.

[12] 董寅生,沈军. 快速凝固耐热铝合金的发展及展望[J]. 粉末冶金技术,2000,18(1):35-41.

[13] 龚寿鹏. 现代锡磷青铜带材生产工艺与技术[J]. 上海有色金属,2006,27(3):6-12.

[14] 王贤涛. 采用半金属型法生产锡青铜衬套的铸造工艺[J]. 特种铸造及有色合金,2005,25(2):122-123.

[15] 蒋成禹,胡玉洁,马明臻. 材料加工原理[M]. 哈尔滨:哈尔滨工业大学出版社,2001.

[16] 张宝昌. 有色金属及其热处理[M]. 西安:西北工业大学出版社,1993.

[17] 郑敏. 新型铜合金衬套的研制[J]. 飞机设计,2005,(2):31-35.

[18] 赵云豪,李彦利. 旋压技术与应用[M]. 北京:机械工业出版社,2008.

[19] 卫原平,王轶为. 工艺参数对筒形件强力旋压过程的影响[J]. 模具技术,2000,(4):12-16.

[20] 王志伟,樊文欣,赵俊生,等. 基于二次回归正交试验的强力旋压连杆衬套性能分析[J]. 锻压技术,2014,39(1):69-73.

[21] 李涛,赵俊生,樊文欣,等. 基于 BP 神经网络的强力旋压成形本构关系模型[J]. 锻压技术,2014,39(2):150-153.

[22] 冯志刚,樊文欣,赵俊生,等. 基于 BP 神经网络的强力旋压成形连杆衬套力学性能预测[J]. 热加工工艺,2014,43(5):89-95.

第3章 连杆衬套旋压成形数值仿真

3.1 引　言

强力旋压成形工艺是一种高效的强烈塑性成形技术,塑性区随旋轮的运动而不断改变,能有效改善旋压件的力学性能。针对大功率、高密度柴油机高比压滑动轴承,以锡青铜为材料采用强力旋压成形工艺加工的连杆衬套,不仅具有较高的疲劳强度和承载能力,还具有较好的轴承特性,如抗咬黏性、顺应性、嵌藏性、耐腐蚀性和耐磨性等[1],而且其工艺效率高、工件质量好、材料利用率高、制作过程无材料浪费,具有环保和经济的双重效益[2]。

强力旋压工艺参数多而复杂,各个工艺参数耦合在一起影响着旋压制件的质量。目前生产中,强力旋压工艺参数的选择和控制多是靠简单的公式和生产者的经验来进行试验试制。这种方法为生产带入了主观性和盲目性,而且会引起生产周期长、人力物力浪费、制件质量低等问题。因此,为了建立对连杆衬套强力旋压成形的整体认识,有必要从材料内部的应力、应变入手,对材料的变形和流动规律进行研究[3]。应用有限元数值模拟来研究强力旋压成形和工艺参数对旋压件质量的影响尤为必要[4,5]。

本章以锡青铜(QSn7-0.2)连杆衬套的强力旋压为研究对象,从强力旋压成形本身出发,研究其成形过程中材料流动的规律、旋压力的变化规律、等效应力-应变的变化规律,并研究错距旋压和无错距旋压情况下各工艺参数的影响规律,为强力旋压工艺参数选择、工艺参数优化设计提供参考依据。

3.2　连杆衬套强力旋压成形数值模拟

3.2.1　衬套样件设计及仿真参数的确定

连杆衬套经强力旋压后的尺寸要求为 $D_内 = \phi 49.7^{+0.1}_{+0.05}$, $D_外 = \phi 58.8^{0}_{+0.1}$, $L = 50mm$,如图3.1所示。考虑加工的经济性,旋压后零件的长度要达到两个连杆衬套的长度,并留有3~5mm的切口长度。

强力旋压加工要求坯料必须是平板形正旋、筒形反旋或杯形正旋,不能直接使用圆棒坯料进行旋压成形。所以,必须先将热挤压状态的锡青铜管段车削制成"杯形"坯料,即在圆棒坯料上预先制一盲孔,因采用的旋压方式为正旋,故坯料形状为带底杯形[6]。"杯底"太厚会造成材料的浪费,太薄又会出现因承受旋压力较低而造成"拉通"现象。综合考虑之后,设置厚度为 5mm。为防止在旋压过程中,加工产生的热使坯料内部气压升高影响成形,还需要在"杯底"开一个直径为 16mm 的工艺孔。根据体积不变原理,计算的坯料的结构尺寸如图 3.2 所示。由于后续分析大部分都是截止到旋压的稳旋阶段,无须使坯料完全旋压,所以数值模拟中坯料的长度取值为 60mm,以减少工作量,提高计算效率。

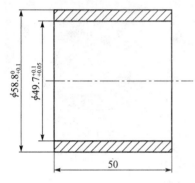

图 3.1　零件尺寸图(单位:mm)　　　图 3.2　坯料尺寸图(单位:mm)

　　强力旋压中影响旋压制件质量的因素很多。针对双旋轮无错距旋压进行数值模拟,基于前文所总结的工艺参数选择的现有标准,确定计算中采用的工艺参数(表 3.1)来研究其成形过程。

表 3.1　工艺参数

参数	数值	参数	数值
旋轮直径 D/mm	90	旋轮与芯模间隙 δ/mm	3.95
旋轮工作角 α/(°)	20	进给速度 f/(mm/s)	3.4
旋轮圆角半径 ρ/mm	5	主轴转速 n/(r/s)	10
旋轮退出角 β/(°)	30	旋压温度 T/℃	20

3.2.2　连杆衬套旋压成形有限元建模

1. 几何模型构建

　　Simufact 软件具有强大的 CAD 软件接口,可以先导入零件的模型,在 Simufact 软件内按照需要的相对位置进行装配,也可以在其他三维建模软件中将实体模型装配好,再导入 Simufact 软件中。在此,采用的是第二种方法,即先根据模具和坯料的实际尺寸在三维建模软件 Pro/E 中建立几何模型,按照所需要的位置参数装配成实体模型;然后将装配体格式转换成 IGES 格式导入 Simufact 软件中;芯模的运动轨迹通过位移和转速方式给定,其中包括了道次压下量、进给比等参数。

按带杯底筒形件旋压成形的工艺过程建立的数值模拟模型如图3.3所示。由于坯料与芯模是主被动黏结接触,所以坯料的杯底相当于尾顶的作用,使坯料与芯模紧贴,由芯模带动着转动并朝着旋轮方向进给,坯料在旋轮与芯模的间隙中产生塑性变形。为了提高模拟的效率,对模型进行了适当的简化,忽略材料各向异性和惯性力的影响。

旋轮

坯料

芯模

图 3.3　三维实体模型图

2. 模型的简化

在建立筒形件强力旋压力学模型时,为了提高计算效率,需要对模型进行不同形式的简化。有的文献采用1/3模型对强力旋压过程进行了有限元模拟,但是在强力旋压过程中,旋轮与工件的接触点在工件表面上形成螺旋面,工件的受力状态是三维受力。虽然旋压坯料属于轴对称模型,但是边界条件和载荷并不是完全轴对称,所以采用1/3模型进行模拟并不能完全反映实际情况[7]。

此外,部分文献未考虑旋轮圆角半径。强力旋压时接触轮廓的大小及旋轮圆角半径对胀径、变形均匀性、旋压力等具有重要影响。有的文献分析了旋轮圆角半径对旋压过程中的应力、应变的影响,所以旋轮的圆角对成形的影响较大,建模时不应简化[8]。

鉴于筒形件强力旋压成形过程的复杂性,对于工件本身重力影响和旋转过程中产生的惯性力,在筒形件强力旋压中对坯料的成形影响较小,所以在模型简化计算中忽略不计。实际生产中模具采用模具钢制造,其硬度与强度相比坯料要高很多,旋压过程中产生的弹性变形很小,因此在计算分析中将其定义为刚体。

3. 网格划分

用数值模拟分析得到的结果是一个近似值,单元的类型、单元的数目以及单元的排列形式等在很大程度上都会对分析精度产生影响。金属塑性成形问题一般采用四面体和六面单元来进行变形体的离散。六面体单元无论在分析精度还是在辨识度方面,均要好于四面体单元,同时还具有在大变形情况下不易发生网格畸变、划分单元数少等优点。由于分析对象属于中心对称回转体零件,形状规整,有利于六面体单元的划分,所以选用六面体等参单元进行变形体的离散[9]。

单元类型选定后,便可对变形体进行网格划分,网格划分是否合理不仅关系着求解的精度,而且将直接影响求解的效率。Simufact 软件具有管型件网格划分工具(Ringmesh),通过设置轴向和径向的单元尺寸长度,来确定网格的粗细程度。要想实现节点力在单元间的传递,网格必须足够精细,以保证接触的连续性,所以设置轴向和径向的单元尺寸均为 2mm,关键部位和非关键部位的单元尺寸均为 2mm。二维网格如图 3.4(a)所示,共 144 个二维单元;然后沿轴线旋转成三维有限元模型,共 14400 个六面体单元,如图 3.4(b)所示。

4. 接触边界条件处理

实际生产中,坯料由旋转的芯模带动转动,同时旋轮在与芯模保持一定的间隙下沿芯模轴线直线进给,材料由间隙中轴向伸长径向减薄。考虑到计算效率问题,设置了旋轮固定不动,芯模带动坯料旋转并沿芯模轴线朝着旋轮进给的变形模式,如图 3.5 所示。这样设置与实际旋压成形过程是完全等价的,旋轮的进给方向与材料流动方向一致,仍属于正旋压。旋轮属于被动旋转,需要定义其局部坐标和旋转轴;芯模属于主动运动部件,所以定义了其旋转轴。

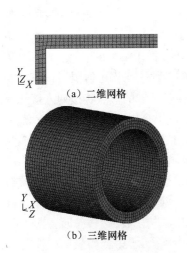

（a）二维网格

（b）三维网格

图 3.4　有限元网格模型

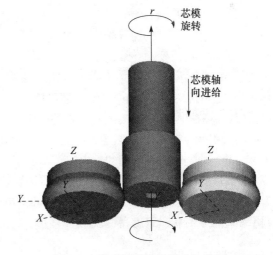

图 3.5　强力旋压模具运动加载图

对于坯料与芯模间的接触问题,将坯料的"杯底"面和内表面作为主动黏结面,将芯模与"杯底"和内表面接触的面定义为被动面,将两者之间的接触定义成主被动黏结,这样设置可以使芯模一直带动坯料作旋转与进给运动。对于旋轮与坯料间的接触问题,将坯料和旋轮之间设置成自动接触类型,如图 3.6 所示。

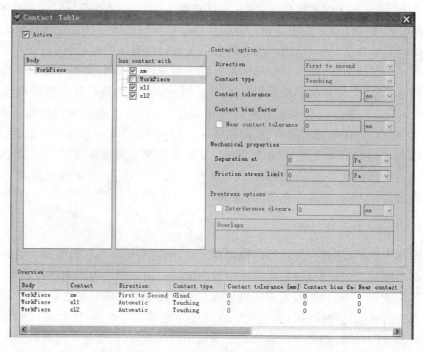

图 3.6　坯料与旋轮的接触设置

在数值模拟中,接触算法被封装在数值模拟软件这个"黑盒"中,而求解过程能否收敛和稳定取决于模型构建阶段输入的参数,根据工艺过程的特点来设置相关参数,以防止因接触状态的改变而导致收敛困难的问题[10]。Simufact 的求解器采用上下盒形算法进行接触探测,所以数值计算接触过程用于探测接触的参数——接触容限对计算精度和效率产生的影响很大。接触容限设置过大,未进入接触区域的节点将被划入接触范畴,导致计算精度的下降;接触容限设置过小,在一定程度上会提高计算结果的精度,但同时也会引发接触探测困难,导致因节点穿透而出现步长细分,进而影响计算效率。为缓解计算精度与计算效率间的矛盾,Simufact 引入了偏斜系数,通过允许节点有适当的穿透距离来减小接触判断的误差,以兼顾计算效率和计算精度。Simufact 的默认接触容限为最小单元尺寸的 1/20,考虑到模型的最小单元尺寸为 2mm,这个精度对于连杆衬套旋压成形分析已足够,故未对该参数进行修改,选用了默认值。

5. 摩擦模型

金属塑性成形过程中,工件与模具之间有相对运动,从而造成工件与模具之间存在着摩擦力。受诸多因素的影响,模具与坯料表面的摩擦情况十分复杂,在数值模拟分析中,常用的近似摩擦模型有两种:一种是库仑摩擦模型;另一种是剪切摩擦模型。在低接触压力的塑性成形中，多采用库仑摩擦模型；对于高接触压力的塑性成形问题，则多采用剪切摩擦模型。筒形件强力旋压成形过程中模具和坯料间处于高接触状态且产生接触压力较大，模具与坯料的相对接触较复杂，导致摩擦力的方向随着改变，所以只有剪切摩擦模型才能得到比较准确的结果。剪切摩擦模型认为摩擦应力为材料等效应力的一部分，当摩擦剪切应力超过材料屈服应力沿剪切方向的分量系数 m 之后，工件开始作相对滑动：

$$\sigma_{\text{fr}} \leqslant - m\, \frac{\bar{\sigma}}{\sqrt{3}} t \tag{3.1}$$

式中，σ_{fr} 为切向摩擦应力；$\bar{\sigma}$ 为等效应力；m 为摩擦因数；t 为相对滑动速度方向上的切向单位矢量。

由于接触区法向力或法向应力很大，滑动摩擦表现出高度非线性特性，用反正切函数平滑黏-滑摩擦之间的突变：

$$\sigma_{\text{fr}} \leqslant - \mu \sigma_n \frac{2}{\pi} \left[\arctan\left(\frac{\nu_r}{r_{\nu_{\text{cnst}}}} \right) \right] t \tag{3.2}$$

式中，μ 为摩擦系数；σ_n 为接触点法向应力；ν_r 为相对滑动速度；$r_{\nu_{\text{cnst}}}$ 为修正系数。

实际的成形中使用机油进行润滑，故数值模拟模型的摩擦系数取为 0.2。

6. 材料模型

连杆衬套强力旋压采用为材料锡青铜（QSn7-0.2），由材料手册可知，其材料性能参数如表 3.2 所示。

表 3.2　QSn7-0.2 材料性能参数

弹性参数	杨氏模量 E/GPa	泊松比 μ	导热系数 $/(\text{W}/(\text{m} \cdot \text{K}))$	比热容 $/(\text{J}/(\text{kg} \cdot \text{K}))$
	110	0.3	75.4	343
塑性参数	最小屈服强度 σ/MPa	屈服强度 $\sigma_{0.2}/\text{MPa}$	材料硬化指数 n	热膨胀系数 $/(1/\text{K})$
	220	320	0.13	1.8×10^{-5}

3.3　数值模拟结果与分析

在连杆衬套强力旋压成形过程中，最主要的两个变形就是壁厚减薄和轴向拉深。在这个变形过程中，坯料内部变形区位置和范围、材料的流动情况，都由其受力状况决定。因此，掌握变形体内部各点的应力、应变状态及其变化规律对于塑性成形问题的分析非常重要[11]。

3.3.1　旋压力的分布状况

图 3.7(a)～(c)给出了三向旋压力在整个进程中的变化情况。由图可以看

出,三向旋压力在起旋阶段波动,力小而平缓,这是由于在这个阶段,金属的堆积较少;在起旋阶段向稳旋阶段过渡的时期,材料的堆积及流动还未稳定,致使旋压力波动较大,其中轴向旋压力表现最为明显,随着旋压的进行,旋轮前进方向区域金属不断堆积且金属流动速度不稳定,所以轴向力变化较不平稳;在稳旋阶段,金属的隆起高度达到一定值,由于旋轮结构的作用,隆起的高度被控制在合理的范围内,这样金属的流动就趋于平稳,所以三向旋压力也较平稳;随着金属材料在轴向的伸长和径向的减薄,在后期旋压进入终旋阶段,由于接近尾端,金属的堆积较前面两个阶段释放得要快,随着金属堆积的减少,旋压也随之减小。

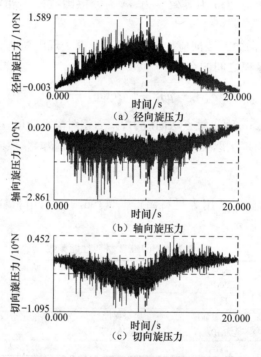

图 3.7　旋压进程三向旋压力的变化

　　强力旋压重要的变形就是材料的径向减薄和轴向伸长,所以径向旋压力和轴向旋压力是研究旋压的重要部分。由图 3.7 所示数据可以算出,径向、轴向、切向旋压力的平均值分别为 32kN、4.83kN、0.98kN,可见径向旋压力大于轴向旋压力,切向旋压力最小,这完全符合强力旋压变形的特点。

　　对于强力旋压,工艺参数影响着工件的质量和尺寸精度,但是旋压过程中力的变化会影响模具,反过来模具也会影响旋压的过程,所以模具与旋压是相互影响的关系。图 3.8 给出了芯模所受的径向力和轴向力情况。由图 3.8(b)可以看到,芯模所受径向力是不断波动的,大的波动会引起芯模在径向的抖动,当抖动程度严重时,会影响工件壁厚减薄的均匀度;图 3.8(b)所示的芯模轴向力较理想,在起旋和终旋阶段,因金属堆积及金属流动速度的变化而出现波动变化,稳旋阶段轴向力变化较平缓均匀。芯模的轴向力决定了芯模在轴向是否会产生窜动,当窜动较严重时,将影响工件的表面质量甚至阻碍旋压的顺利进行。

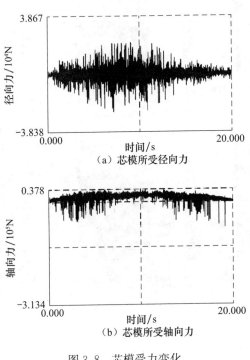

图 3.8　芯模受力变化

3.3.2　应力应变的分布状况

在连杆衬套强力旋压成形的整个进程中,等效应力应变的分布情况如图 3.9 和图 3.10 所示。在整个旋压过程中,任意时刻等效应力应变的极值出现在旋轮与

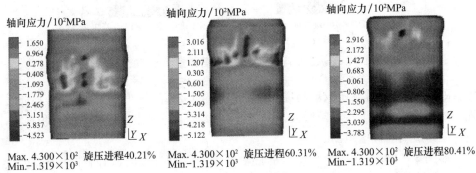

（a）轴向应力分布

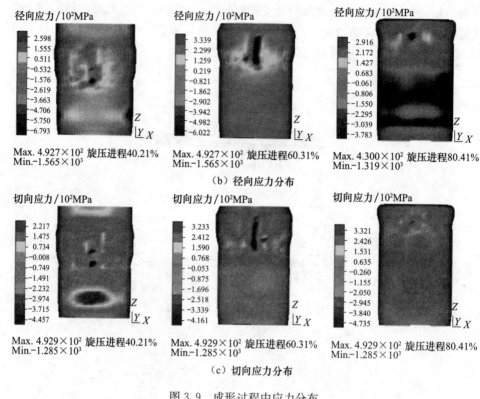

（b）径向应力分布

（c）切向应力分布

图 3.9　成形过程中应力分布

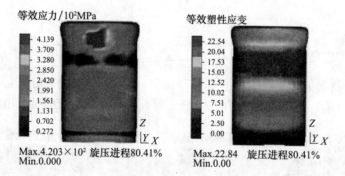

图 3.10　成形过程中等效应力和等效塑性应变的分布

坯料的接触处，随着旋压成形的进行，应力应变的极值逐渐增大，这是因为在此过程中材料的塑性变形量不断增大，加上材料在旋轮前方产生一定程度的堆积现象，所以应力应变的极值也随之增大。

　　如图 3.9 所示，在旋轮与坯料的接触区域，其径向、轴向、切向都处于应力状态，而且在数值上比较，径向压应力最大。即在厚度方向是压缩变形，而在切向处是拉伸变形,在轴向是部分伸长、部分被压缩。这完全符合强力旋压两个主要变形的特点,即壁厚减薄和轴向伸长。

在旋轮与坯料非接触区域应力分布也不同,由图 3.9(a)可以看出,处于起旋部分的金属轴向处于压应力状态;在旋轮后方靠近旋轮的金属轴向处于拉应力状态;在旋轮前方周围的金属轴向处于压应力状态。

旋轮作用区域周围的金属径向处于拉应力状态,这是由于金属的流动,使径向受拉应力;旋轮作用区周围金属切向处于拉应力和压应力交替分布,这样才会给整个旋压过程提供一个扭矩,使材料沿着切向流动。金属的切向伸长量和切向压缩量的和将直接影响工件的胀径和缩径,如果伸长量大于压缩量,则胀径,反之则缩径。

3.3.3　材料的流动

图 3.11 给出了稳旋阶段(取旋压进程为 70.36%)材料分别沿母线方向流动速度的分布情况及其形貌。图 3.11(a)表明,旋轮此刻的作用区域为 35～55mm,在 0～35mm 为旋轮旋压过的材料,可以看到材料的流动速度均匀,但与旋轮工作圆角接触的部分材料(30～35mm),其流动速度较慢;由于旋轮的轴向力作用,金属会向压长带方向流动,且材料的流动速度加快(35～40mm),隆起的金属被压长带控制在一定的壁厚(40～55mm);在旋轮接触前方金属流动速度呈递减趋势。

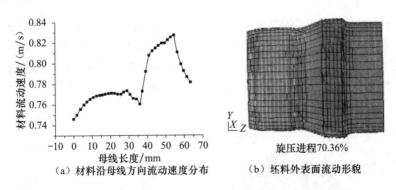

(a) 材料沿母线方向流动速度分布　　　(b) 坯料外表面流动形貌

图 3.11　材料沿母线方向的流动速度及流动形貌

旋轮与坯料的外层金属直接作用,材料在外作用力下由材料外表面向内传递,所以材料的流动速度也呈递减的趋势变化,见图 3.12。材料在壁厚方向的流动情况反映了工艺参数选择的合理性。当旋轮进给速度过大时,材料外层金属流动较内层金属要快,有时会出现夹层的情况。材料壁厚方向上的速度分布处于波动形式,而不是递增形式。

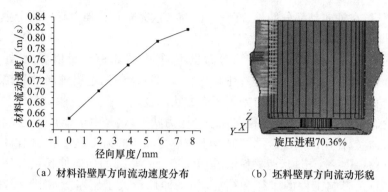

（a）材料沿壁厚方向流动速度分布　　　（b）坯料壁厚方向流动形貌

图 3.12　材料沿壁厚方向的流动速度及流动形貌

3.3.4　材料的堆积分析

　　由于轴向旋压力的作用,材料在轴向被压缩,在旋轮与坯料的作用区域前方,金属会形成不同程度的堆积现象,见图 3.13(a)。适当的材料堆积是允许的,也是不可避免的,不会影响旋压成形。但过于严重的材料堆积,不但会引起旋压变形区域材料的裂纹、剥皮等缺陷,还会阻碍成形的顺利完成,甚至因材料过度堆积而使材料硬化严重,将终止成形。为了清晰地看到材料隆起的变化情况,将图 3.13(a)沿轴向切开,只保留切面,就形成了图 3.13(b)～(d)所示的在不同进程时材料的隆起图。

　　在成形过程中,隆起的高度有着规律的变化,如图 3.14 所示,在成形初期即起旋阶段,其材料隆起的厚度还未均匀,所以呈现波动的形式;进程 35％ 以后进入稳旋阶段,由于旋轮结构的作用,使隆起厚度保持在均匀的状态;到了旋压快结束的终旋阶段,由于材料轴向阻力的减小,隆起高度逐渐减小。

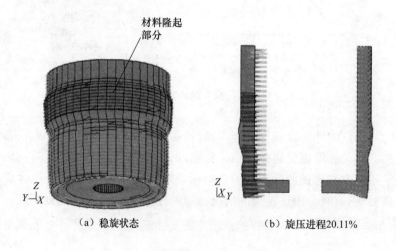

（a）稳旋状态　　　　　　　　　（b）旋压进程20.11%

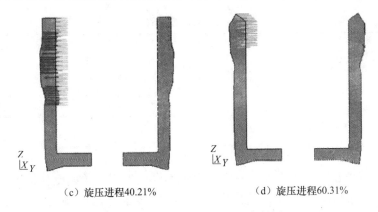

（c）旋压进程40.21%　　　　　　　（d）旋压进程60.31%

图 3.13　不同进程时材料的隆起图

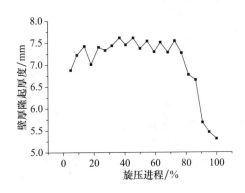

图 3.14　成形中材料隆起厚度变化

3.4　无错距强力旋压成形过程影响因素分析

影响强力旋压过程的工艺参数很多,工艺参数选择不当会引起工件尺寸精度不高、旋压工件出现缺陷、旋压过程被迫终止等诸多问题[12],所以强力旋压成形是一种很难控制的加工工艺。实际生产中多依靠简单的计算公式或经验积累来确定工艺参数,具有较大的主观性和局限性。因此,研究强力旋压各工艺参数对成形质量的影响尤为必要。

下面对无错距旋压成形中的旋轮工作角、旋轮圆角半径、旋轮进给速度、主轴转速、旋轮与芯模间隙、坯料温度等工艺参数进行研究,给出各工艺参数对旋压的影响规律。

3.4.1　旋轮工作角的影响

采用双锥面旋轮进行比较,旋轮结构参数及旋压工艺参数如表 3.3 所示。

表 3.3 工艺参数

参数	数值	参数	数值
旋轮直径 D/mm	90	旋轮与芯模间隙 δ/mm	4.5
旋轮工作角 α/(°)	16,18,22	进给速度 f/(mm/s)	2.5
旋轮圆角半径 ρ/mm	5	主轴转速 n/(r/s)	10
旋轮退出角 β/(°)	30	旋压温度 T/℃	20

1. 旋轮工作角对旋压力的影响

图 3.15 给出了旋压力及其各向分力随不同旋轮工作角的变化情况。随着旋轮工作角分别取 16°、18°、22°，旋压合力及其径向旋压力、切向旋压力随之减小，而轴向旋压力则随之增大。这是因为旋轮工作角的变化使旋轮与坯料的径向接触面积和轴向接触面积发生变化，从而影响旋压力的大小。

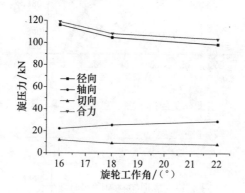

图 3.15 旋压力随旋轮工作角的变化

模具所受轴向力的变化情况如图 3.16 所示。由于是无错距旋压形式，两旋轮的受力是对称平衡的，所以图中所示两旋轮受力曲线完全重合。芯模与坯料内表面直接接触，控制着工件的内径尺寸及精度，其受力情况由旋压力所决定。旋轮工作角取较小值时如图 3.16(a) 和 (b) 所示，芯模所受轴向力呈现较大的振荡形式。图 3.16(c) 为旋轮工作角取值为 22° 时模具的受力图，芯模受轴向力较平缓。这说

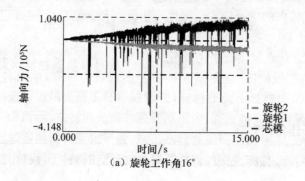

（a）旋轮工作角16°

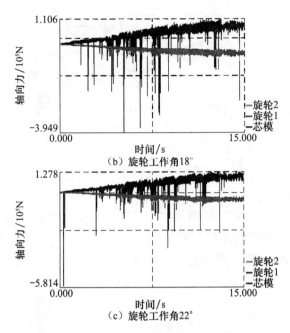

图 3.16　不同旋轮工作角时模具所受轴向力

明工作角取较大值时有利于工件的贴模,也有利于抑制芯模的轴向窜动现象。

　　由于径向旋压力随着工作角的增大而减小,芯模的径向受力也随着旋轮工作角的增大而减小,图 3.17 给出了模具的径向受力变化情况。比较图 3.17(a)~(c)可知,芯模所受径向力都呈振荡形式,这是由于随着旋压的进行,旋轮前进方向上材料不断堆积,影响着旋压力呈振荡形式变化,但是随着旋轮工作角的增大,芯模所受径向力发生振荡较慢且较缓。芯模所受径向力的大小及表现形式直接影响工件内径的尺寸精度,芯模径向摆动越小越有利于工件尺寸精度的控制。

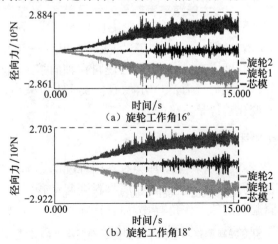

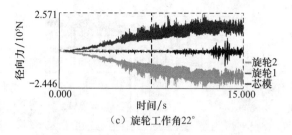

（c）旋轮工作角22°

图 3.17　不同旋轮工作角时模具所受径向力

2. 旋轮工作角对等效应力的影响

图 3.18 给出了等效应力极值在整个旋压过程中的变化情况，由图可以看出，等效应力极值随着旋压的进行不断增大，这是由材料的堆积引起的，旋轮前进方向前方金属材料不断累积，虽然保持一定的堆积高度，但是使金属保持一定流动速度轴向伸长的力将增大。

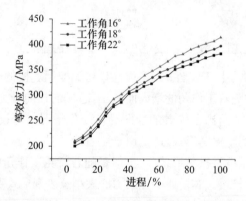

图 3.18　等效应力极值随旋轮工作角变化的情况

同时，由图 3.18 还可以看出，随着旋轮工作角的增大，等效应力极值反而减小。虽然旋轮工作角增大，但是旋轮与坯料的接触面积不一定减小，因为轴向力的增大，会使材料的隆起高度增大，这样旋轮与坯料在轴向接触面积会增大，而且随着旋轮工作角的增大，旋压力合力及其切向、径向旋压力也减小。由以上分析可以确定图 3.18 所示的变化趋势是正确的。

3. 旋轮工作角对材料流动的影响

旋压成形的工艺参数对材料流动都会有不同程度的影响，材料的塑性流动都是由材料的隆起引起的。通常产生两种金属材料隆起形式：第一种金属隆起使壁厚增加，这种金属隆起与旋轮工作角有关，而且往往被压碎，使旋压件表面上产生"鳞片"状分层；第二种金属隆起使坯料与芯模分离，这是由坯料在轴向压缩力下综合失稳造成的。这两种金属隆起在一定限度下是可容许的,通常以隆起率 ζ 表示金属隆起程度,$\zeta=(t_0'-t_0)/t_0$。

图 3.19 给出了不同旋轮工作角对材料隆起率的影响,由于采用的是双锥面旋轮,其材料的隆起高度随着旋压的进行呈增大趋势。当工作角为 16°和 18°时,材料的隆起率较小,而旋轮工作角取 22°时,材料的隆起率较大。

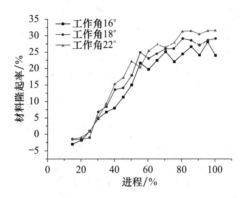

图 3.19　材料的隆起率随旋轮工作角的变化

由前面分析可知,旋轮工作角的增大使轴向力增大,大的轴向力使金属流动速度增大,如图 3.20 所示。

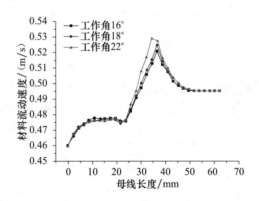

图 3.20　稳旋阶段材料沿轴向流动速度随旋轮工作角的变化

3.4.2　旋轮圆角半径的影响

本节采用的工艺参数同前,旋轮工作角采用 18°,旋轮圆角半径分别取 5mm、8mm、10mm 进行旋压模拟,比较其对强力旋压的影响。

1. 旋轮圆角半径对旋压力的影响

图 3.21 给出了不同旋轮圆角半径对三向旋压力的影响,三向旋压力随着圆角

半径的增大而增大,其中径向力增大幅度较大,切向力变化较平缓。这种变化规律是由旋轮与坯料的接触面积的大小决定的。

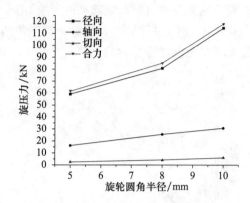

图 3.21　旋压力随旋轮圆角半径的变化

大的径向力有利于壁厚的减薄,但大的轴向力会对材料的流动产生影响。当旋轮圆角半径选取过大时,将加大旋轮前面形成环节的阻力而使工件轴向断裂,或产生螺旋形皱折。但从工件的表面光洁度来讲,当进给比一定时,圆角半径越大,表面光洁度越好,因为旋轮旋过的部分区域会被重复旋压。

2. 旋轮圆角半径对材料流动的影响

旋轮与坯料的接触面积直接影响材料的流动,当减薄率相同时,随着旋轮圆角半径的增大,单位时间内受到挤压的金属面积增大,金属堆积的体积也随之增大。材料的平均隆起率随着旋轮圆角半径的增大而增大,三种旋轮圆角取值下产生的材料平均隆起率分别为 17.58%、18.39%、19.19%,隆起率的具体变化如图 3.22 所示。

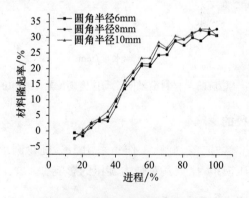

图 3.22　旋压过程中隆起率变化

图 3.23 给出了材料流动形貌随旋轮圆角的变化图,由图可以看出,随着旋轮

圆角半径的增大,材料的流动速度加快;但如图 3.23(b)和(c)所示,旋轮前进方向上未接触区域的金属受到了严重的挤压,所以当旋轮圆角半径选择过大时,坯料外表面的流动速度过快,这样会使旋轮前段材料在壁厚方向上出现夹层,而且材料的硬化程度存在一定梯度,容易造成成形失稳,严重时甚至会阻碍成形的进行。

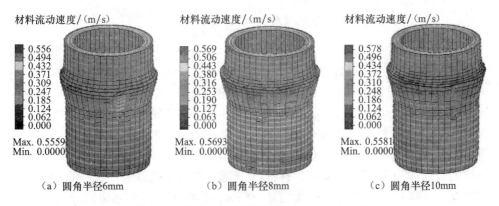

（a）圆角半径6mm　　　　（b）圆角半径8mm　　　　（c）圆角半径10mm

图 3.23　材料流动情况随旋轮圆角半径的变化

图 3.24 对应图 3.23 时刻材料隆起区域周围材料的流动速度,随着旋轮圆角半径的增大,旋压力增大,单位时间内旋轮接触区域前方堆积的金属体积也随之增大,材料流动速度也增大。

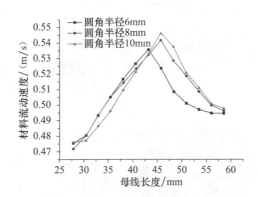

图 3.24　材料隆起区域周围金属流动速度

3.4.3　台阶旋轮与双锥面旋轮的对比分析

筒形件强力旋压所用的旋轮有两种典型的形状:一种是双锥面旋轮;另一种是台阶旋轮。比较两种旋轮对强力旋压的影响,所采用的工艺参数同前,旋轮的结构参数如表 3.4 所示。

表 3.4　旋轮的结构参数

参数	数值	参数	数值
旋轮直径 D/mm	90	旋轮退出角 β/(°)	30
旋轮工作角 α/(°)	20	压下角 α^k/(°)	3
旋轮圆角半径 ρ/mm	6	成形段台阶高度 H/mm	2

1. 台阶旋轮与双锥面旋轮对材料流动的影响

材料的隆起是旋压过程中不可避免的现象,若材料的隆起保持在一定高度内且一直到旋压结束,这样的隆起是允许的;如果随着旋压时间的增长,材料的隆起不断增高,这样的隆起是不允许的,这与旋压所采取的工艺参数及材料的特性有关。

在旋压进程达到 60.31% 时,材料的流动速度及材料隆起形貌如图 3.25 所示。图 3.25 给出了材料的整体流动速度分布和纵截面材料隆起形貌。由图 3.25(a)可见,采用双锥面旋轮旋压进程中,材料会在旋轮前进方向的前方形成堆积,随着旋压的进行,由于没有压制隆起的材料,其隆起高度会不断累积。如果在大的减薄率情况下,这种隆起的现象将更为明显,材料隆起到一定程度,必将阻碍材料的均匀流动,而且会加速材料的硬化,阻碍成形的顺利进行。由图 3.25(b)所示的台

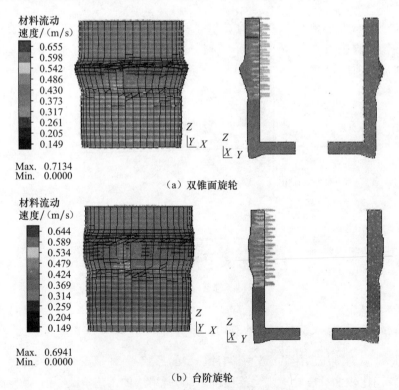

（a）双锥面旋轮

（b）台阶旋轮

图 3.25　旋压进程 60.31% 时材料的流动速度和壁厚隆起形貌

阶旋轮旋压的材料隆起情况可知,由于台阶旋轮有压下角和压长带特殊的结构,压下角和台阶高度都是根据壁厚减薄量来选取的,所以这些结构就会压制材料的隆起,把材料隆起的高度控制在稳定的某个高度,从而使材料的流动平缓,有利于均匀成形。

由于台阶旋轮对控制材料隆起较有优势,图 3.26 从数值上分析两种旋轮下旋压的材料隆起率的变化。台阶旋轮所旋材料的隆起率低于双锥面旋轮,而且隆起率变化值较双锥面旋轮的平缓,使材料保持一定隆起高度,有利于材料的成形。

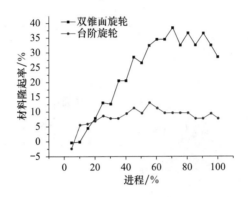

图 3.26　材料隆起率随时间的变化

2. 台阶旋轮与双锥面旋轮对旋压力的影响

图 3.27 给出了采用不同旋轮情况下旋压力分量的比较。采用双锥面旋轮时,随着旋压的进行,材料在旋轮前进方向不断累积,使材料出现隆起现象,这将使轴向旋压力不断增大,其平均轴向旋压力为 12.8kN。采用台阶旋轮旋压成形时,其轴向旋压力在起旋阶段表现为振荡形式,由于材料处于累积阶段,这种不稳定决定了轴向旋压力的不断增大,当材料隆起到一定高度时,由于旋轮结构的作用,使材料保持在一定的高度,所以此阶段轴向旋压力变化成较平稳的波动形式,其平均轴向旋压力为 8.73kN,如图 3.27(a)所示。

采用不同旋轮旋压所形成的径向旋压力平均值分别为 48.6kN、65.2kN,变化趋势如图 3.27(b)所示:采用双锥面旋轮旋压的径向力表现为不断增大且不稳定的形式,这种现象将引起壁厚减薄的不均匀,严重影响工件质量;台阶旋轮的结构可以使隆起的材料保持在一定的高度,所以材料的流动将被控制直至旋压的结束,其径向力在稳旋阶段也就保持稳定状态。

两种旋轮旋压所形成的平均切向旋压分别为 2.2kN、3.01kN,采用台阶旋轮的切向旋压力大于双锥面旋轮的切向旋压力。由于材料的流动问题,台阶旋轮的切向旋压力波动平缓。

台阶旋轮较适用于大减薄率的旋压和较软材料的旋压,压下带的存在使旋轮

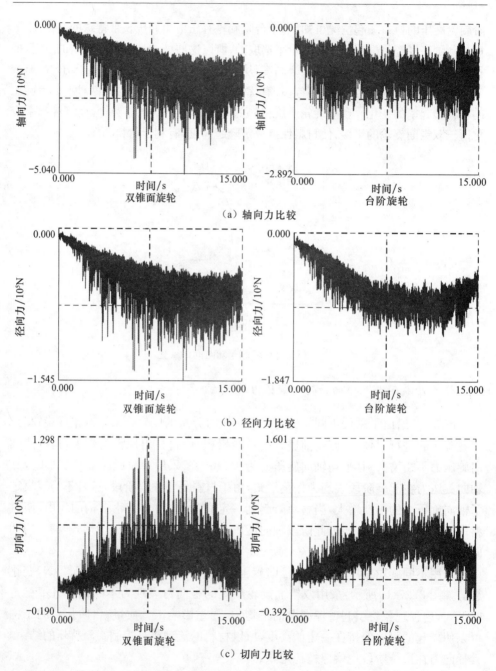

图 3.27　双锥面旋轮与台阶旋轮的受力比较

与坯料的接触面积增大,从而增加了摩擦,这对于旋压成形是不利的。双锥面旋轮较适用于小减薄率的旋压和较硬质材料的旋压,小减薄率旋压的材料变形量要小,双锥面旋轮可以满足旋压对材料隆起高度的要求。

3.4.4　旋轮进给速度的影响

采用台阶旋轮进行旋轮进给速度的比较,旋轮结构参数与 3.3 节相同,其他工艺参数如表 3.5 所示。

表 3.5　工艺参数

参数	数值
进给速度 f/(mm/s)	1.5,2,3
主轴转速 n/(r/s)	10
旋压温度 T/℃	20

1. 旋轮进给速度对旋压力的影响

图 3.28 给出了旋压力的三向分力随旋轮进给速度的变化情况,由图可见,随着旋轮进给速度的增大,三向旋压力也随之增大。强力旋压过程中,旋轮的轴向进给与主轴的转动相结合,旋轮与坯料的接触轨迹为螺旋状,当旋轮的进给速度加快时,旋轮与坯料的接触轨迹被加快拉长,这将对工件的表面质量产生影响。

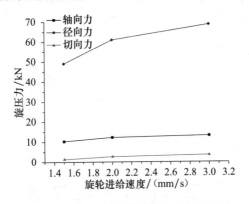

图 3.28　旋压力随旋轮进给速度的变化

2. 旋轮进给速度对材料流动的影响

轴向旋压力随着旋轮进给速度的增大而增大,这将使材料的流动速度加快,从而易产生高的隆起。如图 3.29 所示,随着进给速度的增大,旋轮前方材料隆起率也随之增大。

起旋阶段,三种情况下材料隆起率几乎呈直线增长。随着时间的增长,材料隆起率波动较均匀,这是由于本次模拟采用的是有压下带旋轮,当壁厚减薄量达到一定数值时,其压下带结构会压制材料的隆起部分,使材料保持一定的隆起高度平稳成形。而且,采用大的进给速度使材料壁厚减薄量达到平稳值的时间较短。

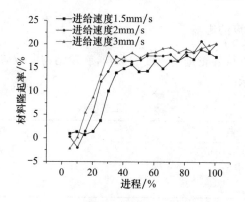

图 3.29　材料隆起率随进给速度的变化

3. 旋轮进给速度对减薄率的影响

随着旋轮进给速度的增大,径向旋压力也随之增大,而壁厚的减薄由径向旋压力引起,所以旋轮进给速度与壁厚减薄率有密切的关系。图 3.30 给出了三种进给速度下壁厚减薄率在稳旋阶段的变化情况。在其他参数相同的情况下,稳旋阶段平均壁厚减薄率分别为 19.70%、20.60% 和 21.63%。

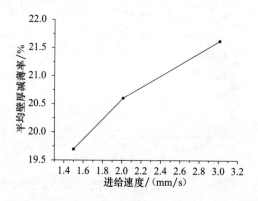

图 3.30　平均壁厚减薄率随进给速度的变化

4. 旋轮进给速度对等效应力的影响

如图 3.31 所示,等效应力极值随着旋轮进给速度的增大而增大。这是因为进给速度的增大致使旋轮前进方向的材料堆积增加,且各向旋压力都增加,所以导致等效应力增大。

图 3.32 给出了旋压进程 60.31% 时,不同进给速度对应的等效应力。由图可以看出,大的进给速度可以提高生产效率,但是考虑到应力的增大会影响工件质量,生产中要选较小的进给速度。

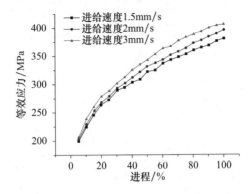

图 3.31　等效应力极值随旋轮进给速度的变化

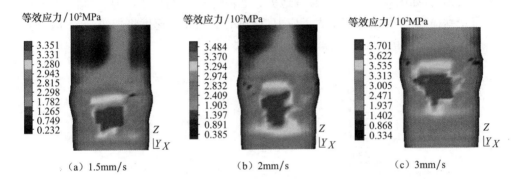

（a）1.5mm/s　　　　　　（b）2mm/s　　　　　　（c）3mm/s

图 3.32　旋压进程 60.31% 时等效应力随进给速度的变化

3.4.5　主轴转速的影响

在其他工艺参数不变的情况下,主轴转速分别采用 3.4r/s、6r/s、16.7r/s,进给速度设置为 3.4mm/s,得出进给比分别为 1mm/r、0.57mm/r、0.2mm/r。模拟结果比较如下。

1. 主轴转速对旋压力的影响

图 3.33 给出了旋压力随主轴转速的变化。进给速度相同的情况下,主轴转速增大,三向旋压力随之减小。随着主轴转速的提高,材料在单位长度内被旋轮旋压的次数将增加,旋轮与坯料的接触点的集合近似于螺旋线[9],转速的提高等价于材料上的螺旋线变密集,所以提高主轴转速有利于工件很好地贴模,工件的内径精度得到保证。

2. 主轴转速对等效应力的影响

主轴转速的提高降低了旋压力,抑制了材料的轴向流动,而且其产生的等效应

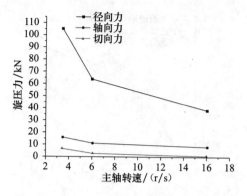

图 3.33　旋压力随主轴转速的变化

力也会提高,如图 3.34 所示。合理地提高主轴转速可以使工件的尺寸精度及表面质量得到提高,但是由于其增大了应力,材料的加工硬化速度将加快,严重时会导致旋压变形的终止。

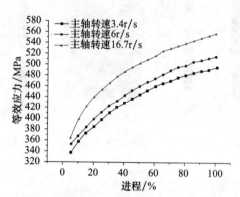

图 3.34　等效应力极值随主轴转速的变化

3.4.6　旋轮与芯模间隙的影响

　　强力旋压中旋轮与芯模的间隙是直接影响减薄率的工艺参数,采用以下参数对旋轮与芯模间隙的影响进行分析,见表 3.6。

表 3.6　工艺参数

参数	数值	参数	数值
旋轮直径 D/mm	90	成形段台阶高度 H/mm	2
旋轮工作角 α/(°)	20	旋轮与芯模的间隙 δ/mm	5.46,5.3,5.13
旋轮圆角半径 ρ/mm	5	进给速度 f/(mm/s)	3
旋轮退出角 β/(°)	30	主轴转速 n/(r/s)	3
压下角 α^k/(°)	3	温度 T/℃	20

1. 旋轮与芯模间隙对旋压力的影响

随着旋轮与芯模间隙的减小,即旋轮压下量的增大,旋压的径向、轴向、切向分力都随之增大,如图 3.35 所示,特别是径向分力变化最为明显,而总的旋压力主要以径向分力为主,所以也明显增大。这是因为大的压下量导致金属大的塑性变形量,所以会对三向旋压力产生较明显的影响。

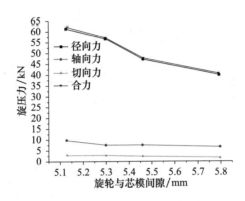

图 3.35　旋压随旋轮与芯模间隙的变化

2. 旋轮与芯模间隙对减薄率的影响

随着旋轮与芯模间隙的减小,旋轮每旋转一周,工件的壁厚减薄量增大,所以旋轮与芯模的间隙对壁厚减薄率有着直接的影响。强力旋压的壁厚减薄是由旋压力的径向分力引起的,所以径向分力的明显变化意味着壁厚减薄有着明显的变化。表 3.7 给出了旋轮和芯模间隙和减薄率的关系,平均壁厚减薄率随着旋轮与芯模间隙的减小而增大,但由于壁厚减薄率是由多种因素综合决定的,其平均值与理论计算值存在一定的差别。

表 3.7　旋轮与芯模间隙和减薄率的关系

旋轮与芯模间隙/mm	旋轮压下量/mm	理论壁厚减薄率/%	实际平均壁厚减薄率/%
5.46	1.34	20	10.60
5.3	1.5	22.39	13.33
5.13	1.675	25	14.58

3. 旋轮与芯模间隙对材料流动的影响

旋轮与芯模间隙的减小使材料的塑性变形量增大,这将对强力旋压过程中材料的流动产生影响。图 3.36 给出了稳旋阶段(旋压进程 60.31%)材料的流动速度随间隙的变化图。结合图 3.37 可知,当旋压进程在 60.31% 时,旋轮正处在工件的 25～35mm 区域,25mm 左侧为旋轮走过的区域,可以看到材料流动的速度随着间隙的减小而增大;而 25～40mm 区域是旋轮成形段接触的区域,这个区域的材料流动速度处于剧增状态,这是因为金属塑性变形量的增大使材料隆起量增大,而隆起的材料受旋轮成形段的限制,致使材料向旋轮压长带方向流动;35～50mm 区域为旋轮的压长带与材料接触的区域,这个区域的材料流动速度都比较平缓,不同间隙下的流动速度无明显差别;剩下的区域是未旋压的材料部分。

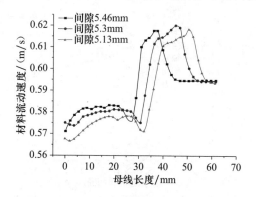

图 3.36　稳旋阶段材料沿轴向的流动速度

旋压进程60.31%

图 3.37　稳旋阶段材料流动形貌

　　从图 3.36 中也可以看出,旋轮与芯模间隙值为 5.46mm 时,材料的主要堆积区域为 27～40mm;间隙值为 5.3mm 时,材料的主要堆积区域为 30～48mm;间隙值为 5.13mm 时,材料的主要堆积区域为 32～53mm。从材料隆起的这个角度看,旋轮与芯模间隙的取值要根据材料的特性和生产设备的实际情况而定,间隙值越小,道次减薄率越大,从而提高了生产效率。但间隙值越小,材料的堆积越严重,当间隙值过小时,堆积的材料将导致成形过程失稳甚至被迫终止。

　　旋轮与芯模的间隙不同,则材料的变形量也不同,材料的堆积现象也不同。图 3.38为材料隆起率随间隙的变化。由图可以看出,小的间隙意味着旋轮的压下量较大,所以材料的变形量增大,材料的隆起高度增高,其隆起率也就较高。材料的隆起是旋压中不可避免的现象,但过高的隆起率将影响材料的均匀流动,所以在达到一定的壁厚减薄量的情况下,尽量选择较大的旋轮与芯模的间隙。

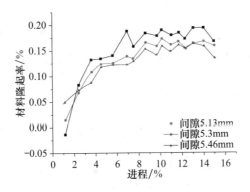

图 3.38 材料隆起率随旋轮与芯模间隙的变化

3.4.7 坯料温度的影响

在加热条件下的强力旋压,会使其工艺过程复杂化,但热旋压已作为强化工艺应用范围和解决难成形材料加工的有效措施。强力旋压时的加热温度与普通冲压时采用的加热温度略同。坯料越厚,加热温度越高,但不要高于材料的再结晶温度,以防止发生再结晶。锡青铜(QSn7-0.2)的再结晶温度范围为 20~240℃,下面针对 20~240℃ 的坯料,研究坯料温度对强力旋压成形的影响。

1. 坯料温度对旋压力的影响

图 3.39 给出了旋压力各分力随着坯料温度不同的变化情况,随着温度的升高,径向力逐渐降低,而轴向力和切向力变化不明显。径向力随着温度的升高而降低,这是由于材料在温度升高的情况下,其塑性增强,即变形抗力减小,所以旋压力减小。

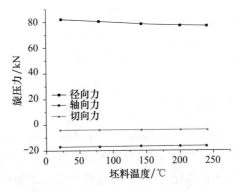

图 3.39 旋压力随坯料温度的变化

2. 坯料温度对等效应力、等效应变的影响

不同温度的坯料等效应力随着旋压进程的增加均逐渐增大，如图 3.40 所示，随着旋压的进行，金属的堆积会增加，所以等效应力逐渐增加。经过加热的坯料，其塑性能力增强，材料的流动较室温下的材料要快且容易，所以坯料温度越高，等效应力越小，如图 3.41 所示。

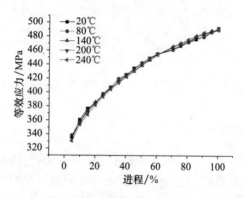

图 3.40　等效应力随坯料温度的变化

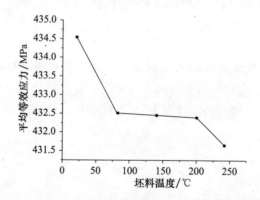

图 3.41　平均等效应力随坯料温度的变化

3. 坯料温度对材料减薄的影响

通过对材料进行加热提高了材料的塑性，材料在旋压过程中的堆积现象得到了改善，如图 3.42 所示，在材料允许的温度范围内，温度越高材料隆起就越低。加热的材料的隆起较室温材料变化平缓，这正是塑性提高后的明显变化，见图 3.43。材料的隆起波动小有利于材料的流动，缓解了材料的硬化现象。

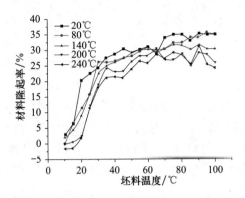

图 3.42　材料隆起率随坯料温度的变化

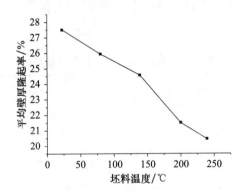

图 3.43　平均壁厚隆起率随坯料温度的变化

　　材料的减薄率与旋轮压下量、旋轮结构、机床精度和材料的塑性有关。在其他工艺参数相同的情况下,坯料温度的提高,有助于材料壁厚的减薄。如图 3.44 所示,坯料的加热温度越高,其旋压后壁厚减薄率就越大。

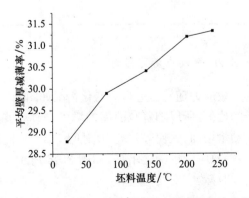

图 3.44　不同旋压温度下平均壁厚减薄率的变化

3.4.8　减薄率的影响

筒形件强力旋压时,旋压减薄率分为道次减薄率和总减薄率。旋压的总减薄率确定后,由道次减薄率来实现[8]。连杆衬套的强力旋压加工采用的是一道次完成成形,所以道次减薄率就是总的减薄率。除此之外,减薄率还取决于所采用的旋轮结构以及旋压机功率与精度。直接影响减薄率的参数为旋轮与芯模的间隙,由此间隙可以计算出道次减薄率,但由于机床、旋轮结构和其他工艺参数的影响,计算出的减薄率和实际减薄率存在一定差值,此差值也可以作为判断工艺参数选择是否合适的标准之一。

对于筒形件双旋轮强力旋压,为避免旋压力的不平衡,最理想的方式为无错距旋压。对无错距强力旋压中减薄率对旋压的影响进行研究,采用的工艺参数如表 3.8 所示。

表 3.8　无错距强力旋压的工艺参数

参数 ＼ 序号	1	2	3	4	5	6	7
旋轮与芯模间隙 δ/mm	5	4.5	4.3	4	3.8	3.5	3.2
减薄量 Δt/mm	1.8	2.3	2.5	2.8	3	3.3	3.6
理论减薄率 ψ_t/%	26.87	34.33	37.31	41.79	44.78	49.25	53.73
压下台阶高度 H/mm	2	2.5	2.7	3	3.3	3.6	3.8
旋轮工作角 α/(°)	18	18	18	18	18	18	25
旋轮圆角半径 ρ/mm	5	10	10	10	10	10	8
旋轮直径 D/mm	90	90	90	90	90	90	90
压下角 α^k/(°)	2.7	3	3	3	3	3.5	7
进给速度 f/(mm/s)	3.4	3.4	3.4	3.4	3.4	3.4	3.4
主轴转速 n/(r/s)	5	5	5	5	5	5	5

1. 减薄率对等效应力、等效应变的影响

不同减薄率下的等效应力随旋压进程的变化情况如图 3.45 所示,减薄率是壁厚减薄量相对原壁厚的比值,所以随着减薄率的增大,壁厚的减薄量是增加的,即单位时间内材料的流动量增加,致使等效应力增加。

随着进程的进行,等效应变也随之增加,如图 3.46 所示。较小的减薄率使材料塑性应变平稳,材料的等效应变变化较缓。

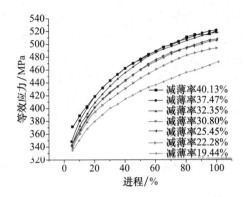

图 3.45　等效应力随减薄率的变化

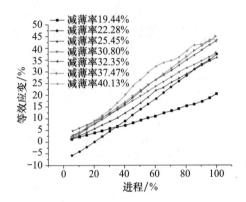

图 3.46　等效应变随减薄率的变化

2. 减薄率对材料隆起的影响

图 3.47 给出了不同减薄率下材料隆起率的变化。随着旋压进程的进行，材料

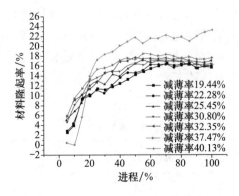

图 3.47　材料隆起率随减薄率的变化

会不断累积,在旋轮的前进方向形成隆起,材料的隆起率直接反映了在某减薄率下材料的流动情况。在初始旋压阶段,由于材料的流动还未稳定,材料的隆起率变化较大;稳旋阶段,材料流动达到平稳,即隆起率达到平稳阶段。由图 3.47 可知,在较低的减薄率下,材料的一次性减薄量较少,所以材料的隆起现象较缓;在较大的减薄率下,单位时间内材料的流动量较大,所以材料在成形的过程中隆起较严重,且在整个旋压过程中表现为较不平稳的形式。

3.5　错距强力旋压成形过程影响因素分析

3.5.1　旋轮有无错距比较

错距旋压是用两个以上旋轮相互间错开一定的距离而旋压成形零件的一种旋压方式。旋轮错距旋压既可以把一道工序的压下量分配给各个旋轮,也可以适量增加每个旋轮压下量,增加一道次总减薄量[13]。错距旋压既可以在均布的三旋轮旋压机上应用,也可以在双旋轮旋压机上采用。错距旋压与无错距旋压各自有优缺点,有其适用范围。采用台阶旋轮对有无错距旋压进行比较,无错距旋压的旋轮参数与旋轮 1 结构参数相同。具体工艺参数见表 3.9。

表 3.9　工艺参数

参数	数值	参数	数值
旋轮 1、2 工作角 α/(°)	16,20	进给 f/(mm/s)	3.4
旋轮 1、2 圆角半径 ρ/mm	6,5	主轴转速 n/(r/s)	10
旋轮 1、2 退出角 β/(°)	25,25	轴向间距 d/mm	2
旋轮 1、2 压下角 α^k/(°)	3,3	无错距旋轮与芯模间隙 δ/mm	4.9
旋轮 1、2 台阶高度 H/mm	2.5,2	旋轮 1、2 与芯模间隙 δ/mm	5.9,4.9

1. 减薄效率比较

无错距旋压旋轮径向压下量为 1.9mm,为了使结果具有对比性,错距旋压时把旋轮径向压下量分配给两旋轮,分别为 0.9mm、1mm。两种旋压方式得到的减薄率对比如表 3.10 所示。对比结果表明,在压下量相同的情况下,错距旋压所达到的减薄率约为无错距旋压的 1.5 倍。因此,错距旋压具有较高的变形率和旋压效率[14,15]。

表 3.10　减薄率对比

参数 旋压类型	旋轮径向压下量 Δt/mm	实际减薄率 ψ/%
无错距	1.9	18.45
错距	0.9,1	26.77

2. 模具的受力比较

由图 3.48(a)可以看出,当旋轮没有错距时,两旋轮受力是对称的,而芯模在这个过程中受力也较平衡,因为两个旋轮与坯料的每个作用点都是一一对应的;而对于错距旋压的受力,从图 3.48(b)中可以看到,两旋轮径向力比较对称平衡,但芯模受力波动较大,这是由于每个时刻两旋轮与坯料的接触点在轴向都有错距。所以,在这种情况下,芯模的受力不再是平衡状态,两个旋轮各自的对称点都由芯模给出,这就使得芯模在径向受力不均。

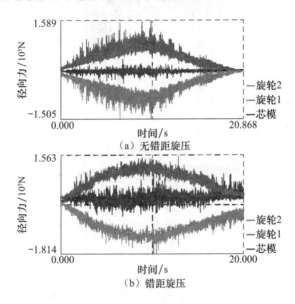

图 3.48　两旋轮及芯模的径向力

由图 3.49 可知,错距旋压各旋轮的压下量不同,所以旋压力达到稳定值的时间较短,且保持时间较长。无错距旋压中各旋轮的作用点一一对应,所以径向旋压

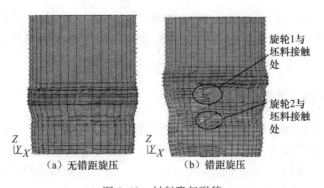

图 3.49　材料隆起形貌

力集中在一起,且稳定值保持较短。

图 3.50(a)给出了旋轮与芯模的轴向力,在无错距旋压中,两旋轮的轴向力同样是对称的,而且芯模的轴向力在起旋阶段和稳旋阶段的波动较大;而由图 3.50(b)可以看出,芯模的轴向力波动较缓,而且两旋轮是一前一后进行旋压的,轴向力的差值与芯模相互作用,这就使芯模在轴向力变得平缓,在一定程度上防止了芯模的轴向的窜动。

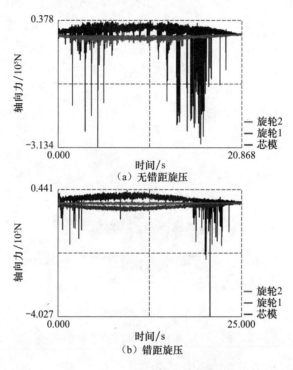

图 3.50　两旋轮及芯模的轴向力

采用错距旋压使得道次变形率大、效率高,节省了工艺时间,且采用的轴向错距和径向错距应使各旋轮的受力保持平衡,利用旋轮错距量的相互搭配创造一个良好的变形区,提高变形量和工件的精度。

3.5.2　错距旋压旋轮结构参数的确定

错距旋压变形率大、效率高,但是要严格控制各工艺参数,使旋轮间的径向力保持平衡。各旋轮工作角的选择就是其中较重要的工艺参数,双旋轮错距旋压时,前后旋轮的工作角取值不同对旋压的影响较大。研究错距旋压时旋轮工作角的影响,所采用的工艺参数见表 3.11。

表 3.11　工艺参数

参数	数值	
旋轮1、2与芯模间隙 δ/mm	74.8,74.4	74.8,74.4
旋轮1、2工作角 α/(°)	16,20	20,16
旋轮1、2圆角半径 ρ/mm	6,5	6,5
旋轮1、2台阶高度 H/mm	2,2	2,2
旋轮1、2压下角 α^k/(°)	3,3	3,3
轴向间距 d/mm	?	?
径向间距 Δt/mm	0.4	0.4
进给速度 f/(mm/s)	3.4	3.4
主轴转速 n/(r/s)	10	10

1. 错距旋压旋轮结构参数对旋压力的影响

图 3.51 给出了前后旋轮工作角分别取值 16°、20°和 20°、16°时,模具所受径向力的情况。图 3.51(a)所示两旋轮所受径向力波动较大,但相对芯模保持着对称;图 3.51(b)所示两旋轮所受径向力虽然波动较小,但是使芯模径向受力失稳,这会使芯模产生明显的摆动,严重影响工件的质量。

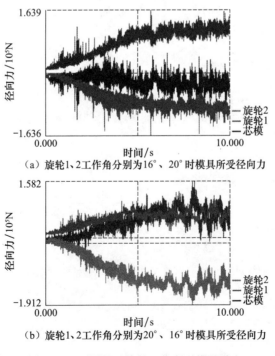

（a）旋轮1、2工作角分别为16°、20°时模具所受径向力

（b）旋轮1、2工作角分别为20°、16°时模具所受径向力

图 3.51　不同前后旋轮工作角时模具受力

2. 错距旋压旋轮结构参数对等效应力的影响

图 3.52 为等效应力极值随着旋轮结构参数的变化情况。由图可见,第一种情况(旋轮工作角 16°、20°分别对应旋轮圆角半径 6mm、5mm)的等效应力要小于第二种情况(旋轮工作角 20°、16°分别对应旋轮圆角半径 6mm、5mm)。这是因为旋压力的主要分量为径向旋压力,由前面理论可知,小的工作角产生的径向旋压力较大的工作角要大,大的圆角半径产生的径向旋压力较小的圆角半径要大。

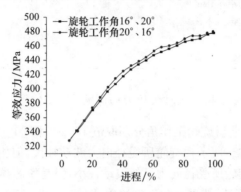

图 3.52　等效应力极值随旋轮工作角的变化

综合上述两项分析可知,错距旋压时,前后旋轮的工作角和圆角半径应达到合理对应,即 $\rho_1 \geqslant \rho_2$ 对应 $\alpha_1 \leqslant \alpha_2$。

3.5.3　旋轮轴向间距的影响

旋轮轴向错开,保持一定的距离,使旋轮按前后顺序依次旋压材料,所以轴向间距的大小直接影响着旋压的效率。研究旋轮轴向间距的影响,所采用的工艺参数如表 3.12 所示。

表 3.12　工艺参数

参数	数值		
旋轮与芯模间隙 δ/mm	3.9	3.9	3.9
旋轮 1、2 工作角 α/(°)	16,20	16,20	16,20
旋轮 1、2 圆角半径 ρ/mm	6,5	6,5	6,5
旋轮 1、2 台阶高度 H/mm	3,3.2	3,3.2	3,3.2
旋轮 1、2 压下角 α^k/(°)	3,3	3,3	3,3
轴向间距 d/mm	1	2	3
径向间距 Δt/mm	0.6	0.6	0.6
进给速度 f/(mm/s)	3.4	3.4	3.4
主轴转速 n/(r/s)	10	10	10

1. 旋轮轴向间距对等效应力的影响

图 3.53 给出了不同轴向间距情况下等效应力极值的变化情况。随着旋压的进行,等效应力极值不断增加,但是大的轴向间距产生的等效应力较大。这是由于旋轮结构参数相同且保持相同的径向间距,各个旋轮所分担的旋压力大,使得等效应力较轴向间距小的要大。然而,轴向间距的取值不是越大越好,对于双旋轮错距旋压,轴向间距越大,其旋压力的平衡就越难保证,容易使旋压失稳。

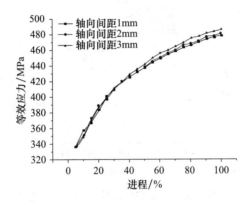

图 3.53   等效应力极值随轴向间距的变化

图 3.54 给出了等效应力沿母线方向的变化情况。母线的长度为材料的起旋一端到旋压进程达到 60.31% 时材料成形末端的距离。由图可以看出,旋轮接触区域后方金属,即 0~10mm 区域,轴向间距大的旋压产生的等效应力较大;30~65mm 区域为旋轮前进方向未旋压的金属,但这部分材料受已旋材料流动的影响,其等效应力呈现递减的趋势,且轴向间距越大,这部分的等效应力就越小。这是由于两旋轮轴向间距的增大使材料的隆起率降低,旋轮前方金属的堆积较小,从而使等效应力减小。

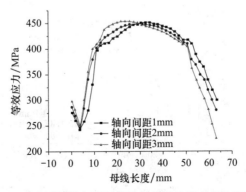

图 3.54   不同轴向间距等效应力沿母线方向的变化

2. 旋轮轴向间距对等效应变的影响

轴向间距 1mm、2mm、3mm 达到的道次减薄率分别为 30.49%、33.95%、34.19%。由于径向间距相同，轴向间距越大，一次旋压所能达到的壁厚减薄量就越接近多道次旋压的减薄量，所以轴向间距越大，其等效应变值就越大，如图 3.55 所示。

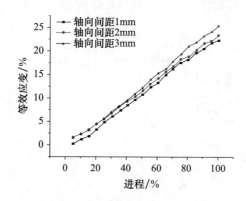

图 3.55　等效应变随轴向间距的变化

3. 旋轮轴向间距对材料隆起率的影响

旋轮轴向间距对材料隆起率影响较大，如图 3.56 所示，在其他参数相同的情况下，轴向间距越大，旋压引起的材料隆起率越低。这是因为当两个旋轮轴向相距较远时，旋压力较分散，材料的流动较分散，致使产生的隆起高度较低，所以大的轴向间距是有利于成形的。但是与前面所述一致，轴向间距的选择不能单纯追求其减薄能力，还要综合参考旋轮数量、材料的特性。

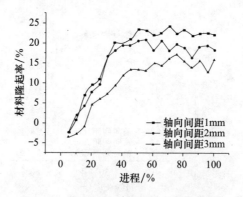

图 3.56　材料隆起率随轴向间距的变化

3.5.4　旋轮径向间距的影响

旋轮径向间距的意义是将一道次的压下量分配给各个旋轮,也可以适当增加每个旋轮的压下量,增加道次减薄量。下面分别以径向间距 0.4mm、0.7mm、1mm进行比较,所采用的工艺参数如表 3.13 所示。

表 3.13　工艺参数

参数	数值		
旋轮与心模间隙 δ/mm	4.3	4.3	4.3
旋轮 1、2 工作角 a/(°)	16,20	16,20	16,20
旋轮 1、2 圆角半径 ρ/mm	6,5	6,5	6,5
旋轮 1、2 台阶高度 H/mm	1.8,2	1.8,2	1.8,2
旋轮 1、2 压下角 a^k/(°)	3,3	3,3	3,3
轴向间距 d/mm	2	2	2
旋轮 1、2 压下量 t/mm	2.1,2.5	1.8,2.5	1.5,2.5
径向间距 Δt/mm	0.4	0.7	1
进给速度 f/(mm/s)	3.4	3.4	3.4
主轴转速 n/(r/s)	10	10	10

1. 旋轮径向间距对等效应力的影响

当总的减薄量一定时,旋轮间采用小的径向间距意味着前面旋轮的压下量较大,前面旋轮旋压过后,材料的壁厚减薄量较大,使后面旋轮分担的减薄量减少,所以小的径向间距所产生的等效应力极值较小,如图 3.57 所示。

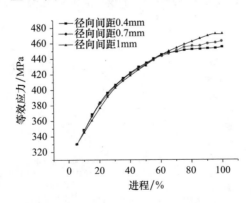

图 3.57　等效应力极值随径向间距的变化

当总的减薄量一定时,采用较大的径向间距,前面旋轮采用较小的减薄量对材料进行减薄后,使材料壁厚适当减薄一定的值,适当的壁厚减薄为后面旋轮的减薄能力提供了有利条件,虽然其等效应力值较大,但减薄能力有所增加。径向间距0.4mm、0.7mm、1mm的道次减薄率分别为20.79%、24.08%、27.62%。

2. 旋轮径向间距对等效应变的影响

图 3.58 给出了等效应变随着径向间距的变化情况。等效应变值随着旋压的进行呈递增趋势,大的径向间距所产生的等效应变较大,反之较小。这是由于较大的径向间距使得各个旋轮所分担的壁厚减薄量差值较大,材料的变形量较大。

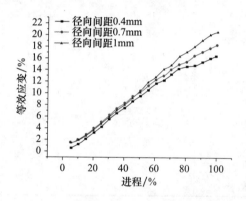

图 3.58　等效应变随着径向间距的变化

3. 旋轮径向间距对材料隆起率的影响

图 3.59 为在三种径向间距下,同一时刻材料最大隆起率的变化情况。较小的径向间距使得两旋轮的壁厚减薄量差值较大,前面旋轮分担的减薄量较大使材料的隆起率变大。

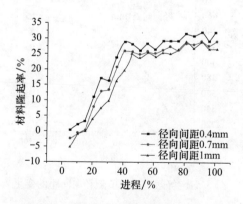

图 3.59　材料隆起率随径向间距的变化

3.6 小　　结

本章针对连杆衬套强力旋压实际加工情况,确定了无错距强力正旋压的旋压方式;根据已有理论确定了工艺参数,对有限元模型进行了有别于以往研究的边界条件约束及运动加载;利用弹塑性有限元法对强力旋压过程进行了数值模拟,得出了旋压力合力及其三向分力变化规律、应力应变分布规律、材料流动情况、材料的堆积规律,全面揭示了强力旋压的变形过程。

以双旋轮无错距旋压为研究对象,对比研究了双锥面旋轮与台阶旋轮各自的优缺点及使用范围,并分别对其旋轮工作角、旋轮圆角半径、旋轮进给速度、主轴转速、旋轮与芯模间隙、坯料温度、减薄率工艺参数的影响进行了研究,得到了各工艺参数对旋压的影响规律,丰富了旋压理论基础。

比较了错距旋压和无错距旋压的区别和各自的优缺点,并以双旋轮旋压为研究对象,研究了双旋轮错距旋压中的旋轮布置、轴向错距、径向错距等参数,得到了各参数对错距旋压的影响规律。

参 考 文 献

[1] 樊文欣,张涛,宋河金.强力旋压加工的高速柴油机连杆衬套[J].车用发动机,1997,(2):32-35.

[2] 张涛.旋压成形工艺[M].北京:化学工业出版社,2009.

[3] Yao J G,Makoto M. An experimental study on paraxial spinning of one tube end[J]. Journal of Materials Processing Technology,2002,128:324-329.

[4] Xu Y Z. 3D rigid-plastic FEM numerical simulation on tube spinning[J]. Journal of Materials Processing Technology,2001,113:710-713.

[5] Xue K M,Lv Y. Elastic-plastic FEM analysis and experimental study of diametral growth in tube spinning[J]. Journal of Materials Processing Technology,1997,69:172-175.

[6] 程人杰,樊文欣.车用发动机连杆衬套毛坯温挤工艺设计[J].热加工工艺,2009,38(21):169-171.

[7] 王浩然.模环旋压成形过程的数值模拟与工艺优化[D].大连:大连理工大学,2008.

[8] 孟艳梅,李灵凤.变壁厚密封圈旋压成形的有限元分析[J].机械研究与应用,2008,21(6):105-107.

[9] 张利鹏,刘智冲.带内筋铝合金筒形件强力旋压成形工艺研究[J].塑性工程学报,2007,14(6):109-113.

[10] 张庆玲.铝合金轮毂强力旋压数值模拟技术研究[J].农业装备与车辆工程,2008,(8):31-33.

[11] 张晨爱,程春梅.筒形件旋压数值模拟及工艺参数优化[J].新技术新工艺,2010,(7):104-

107.

[12]　张涛,刘智冲,马世成. 旋压成形带内筋筒形件的工艺研究及数值模拟[J]. 机械工程学报,2007,43(4):109-112.

[13]　翟福宝,李帆,等. 筒形件错距旋压的有限元分析及其工艺优化系统[J]. 上海交通大学学报,2002,36(4):445-448.

[14]　冯志刚,赵俊生,樊文欣,等. 基于正交试验的连杆衬套强力旋压成形分析[J]. 热加工工艺,2014,43(7):100-103.

[15]　冯志刚,樊文欣,赵俊生,等. 基于 BP 神经网络的强力旋压成形连杆衬套壁厚预测[J]. 热加工工艺,2014,43(3):129-134.

第4章 基于 BP 神经网络和遗传算法的 强力旋压衬套工艺参数优化

4.1 引 言

连杆衬套的生产多采用强力旋压工艺,不仅克服了切削工艺效率低、刀具要求高、表面质量差等缺点,还能提高材料利用率、减小制造过程对环境的影响,具有环保和经济的双重效益[1,2]。

在强力旋压工艺中,工艺参数多而复杂,各个工艺参数耦合在一起影响着旋压制件的质量[3]。目前生产中,强力旋压工艺参数的选择和控制多是靠简单的公式和生产者的经验来进行试验试制的。这种方法为生产带来了主观性和盲目性,而且会引起生产周期长、人力物力浪费、制件质量低等问题。因此,应用有限元数值模拟并结合智能算法对强力旋压成形和工艺参数进行研究尤为必要[4,5]。

本章以某型号强力旋压连杆衬套为研究对象,针对强力旋压成形的筒形件优化问题,结合前述有限元数值模拟手段,就强力旋压成形的工艺参数对成形件质量的影响进行了定量分析;以虚拟正交试验的有限元分析结果为样本,建立了强力旋压成形工艺参数与成形质量评价参数之间的 BP 神经网络模型,给出了一种基于 BP 神经网络和遗传算法的工艺参数优化方法,并对连杆衬套旋压工艺参数进行了优化设计,为工程应用提供了参考依据。

4.2 强力旋压连杆衬套虚拟正交试验

4.2.1 强力旋压成形质量参数和工艺参数

强力旋压产品的质量包含材料的组织结构、综合性能、几何尺寸、残余应力等。全面系统地研究强力旋压成形的各主要工艺参数对强力旋压产品成形质量的影响规律和影响程度,对于合理选择加工工艺参数、提高强力旋压制品尺寸精度有重要的意义。

1. 强力旋压成形质量的评价参数

强力旋压连杆衬套的尺寸精度包括三个方面:直径、壁厚及长度,其中直径精度有内径与外径之分,壁厚精度有壁厚偏差和壁厚差之别。为了研究强力旋压工艺参数对旋压产品的尺寸精度的影响,选取强力旋压衬套的壁厚差和内径扩径量为评价指标进行分析。

壁厚差与壁厚偏差相互关联,壁厚偏差是壁厚的实际尺寸相对于基本尺寸的差别。壁厚偏差允许范围用正负公差的形式表示。壁厚差是壁厚实际尺寸之间的差值,壁厚差允许的大小值用最大差值的形式表示,它与壁厚的基本尺寸无直接关系。

内径尺寸精度取决于成形过程中工件均匀的收径和良好的贴模,当旋压时材料周向流动比例增大时,就会出现扩径现象。扩径不仅会使工件内径尺寸增大,而且容易造成椭圆与弯曲。

强力旋压成形的连杆衬套的尺寸特性的测量方法如下。

(1) 壁厚差。从衬套的底部开始,在其长度的 1/5、1/2、4/5 三处的横截面上,各取四个相隔 90°的测点测量壁厚,分别得到四个值,取其均值,得到三个横截面处的平均壁厚,并用三个截面处的最大壁厚平均值减去最小壁厚平均值得到衬套的壁厚差。

(2) 扩径量。从衬套的底部开始,在其长度的 1/5、1/2、4/5 三处的横截面上,各取四个相隔 90°的测点,测得 12 个直径数值,取其平均值,得到平均内径值。扩径量就是平均内径的增量,是衬套平均内径与坯料内径的差值。坯料的平均内径的求法如上所述;坯料的内径平均值,按规定是坯料长度 1/5、1/2、4/5 三处测量最大和最小直径的平均值。

2. 影响强力旋压成形质量的工艺参数

强力旋压成形过程工艺参数众多且相互影响,而且影响机理比较复杂,选择合适的工艺参数是保证旋压成功的前提。结合工件尺寸精度可选择最佳的工艺参数,确定合理的工艺过程。影响强力旋压成形质量的主要工艺参数有壁厚减薄率 ψ_t、旋轮进给比 f、旋轮圆角半径 ρ、旋轮工作角 α。

1) 壁厚减薄率

壁厚减薄率 ψ_t 是表征强力旋压加工工艺性能的一个重要的指标,它对旋压力的影响很大,而且直接影响到强力旋压衬套的精度。对于不同的材料,其极限减薄率的取值范围也不同,这主要是由材料的塑性决定的。减薄率的计算公式为

$$\psi_t = (t_0 - t_f)/t_0 < \psi_{max} \tag{4.1}$$

式中,ψ_t 为减薄率,%;t_0 为旋压件毛坯壁厚,mm;t_f 为旋压件壁厚,mm;ψ_{max} 为极限减薄率,%。

极限减薄率 ψ_{max} 按下式计算[6]:

$$\psi_{max} = (t_0 - t_{min})/t_0 \approx \psi/(0.17 + \psi) \tag{4.2}$$

式中，ψ_{max} 为极限减薄率，%；t_{min} 为旋压工件最小壁厚，mm；ψ 为材料断面收缩率，%。

锡青铜(QSn7-0.2)的断面收缩率为 19%，所以锡青铜的极限减薄率为

$$\psi_{max} = \psi/(0.17 + \psi) = 0.19/(0.17 + 0.19) \approx 52.78\% \tag{4.3}$$

2）旋轮进给比

进给比是旋轮沿轴向的进给速度与旋轮转速的比值。进给比数值的大小对旋压过程影响很大，并且影响强力旋压制品的尺寸精度、表面光洁度和旋压力的大小。在强力旋压时选择较大的进给比，成形件的贴模效果较好；当选择较小的进给比时，有助于提高零件的表面光洁度。

3）旋轮结构尺寸

旋轮是强力旋压加工过程中最主要的工具之一，也是对强力旋压工艺影响最重要的因素之一，其结构尺寸对成形制品的影响较大。旋轮的结构参数主要有工作角 α、旋轮圆角半径 ρ、退出角 β、压下角 α^k、压下台阶高度 H 等(图 4.1)[7]。

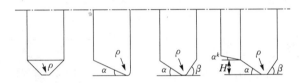

图 4.1　筒形件强力旋压所用旋轮的形状

旋轮工作角 α 的大小不同，旋压力的大小及其在轴向径向上的分配也不同。在强力旋压过程中，旋轮的工作边直接与材料隆起部分接触，对强力旋压件的精度和表面质量影响较大。

旋轮圆角半径 ρ 是旋轮与坯料直接接触的部分，它是强力旋压工艺取得良好效果的一个重要的因素。当增大 ρ 时，可以有效增加旋轮轨迹的重叠部分，能够得到外表面光洁度较高的旋压件，但是由于轴向和径向的旋压力也随之增大，容易造成强力旋压过程中的变形失稳。反之，当减小 ρ 时，变形区的单位接触压力随之增大，与毛坯的接触面积减小比例要更大。当 ρ 过小时，会使旋压过程出现切削现象，降低工件的表面光洁度，甚至出现裂纹等缺陷。

4.2.2　工艺参数对强力旋压成形质量的影响

1. 减薄率对成形质量的影响

旋压毛坯尺寸：长为 40mm，坯料壁厚分别为 4mm、6mm、8mm。

工艺参数设置：无错距正旋，一次成形，旋轮进给比为 0.8mm/r，主轴转速为 10r/s，旋轮圆角半径为 6mm，旋轮工作角为 18°，减薄率分别取 30%、35%、40%、45%、50%。

　　减薄率从径向控制工件的变形量,合理的减薄率可使工件横截面变形均匀,金属塑流稳定。变形均匀、塑流稳定是最佳减薄率确定的条件,也是强力旋压件较好尺寸精度的基础。减薄率过大时,强力旋压过程中凸缘失稳会形成皱纹,造成起皮等现象;减薄率过小会引起工件厚度变形不均,造成工件壁厚分层或者工件内表面变形不充分而出现裂纹。减薄率对成形件壁厚差和扩径量的影响见图4.2,在不同的壁厚条件下,随着减薄率的增大,强力旋压件的壁厚误差递增,扩径量变大;减薄率为35%～45%,成形件的扩径量较稳定。

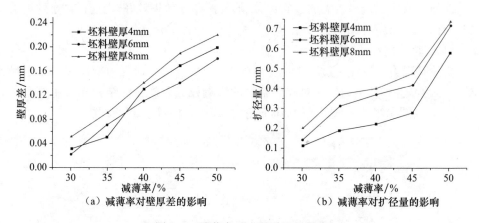

（a）减薄率对壁厚差的影响　　　　（b）减薄率对扩径量的影响

图 4.2　减薄率对成形质量的影响

2. 进给比对成形质量的影响

　　毛坯尺寸:壁厚为 6.2mm,长为 40mm。

　　工艺参数:减薄率为 40%,旋轮圆角半径为 6mm,旋轮工作角为 18°。进给比分别取值 0.3mm/r、0.5mm/r、0.8mm/r、1.0mm/r、1.5mm/r。

　　进给比从轴向控制工件的变形量与变形速度。进给比过大容易造成失稳堆积和起皮,进给比过小易导致扩径和椭圆。合理的进给比需要与相关工艺参数匹配。进给比与强力旋压件壁厚差、扩径量的关系见图 4.3。随着进给比的增大,壁厚差也呈增大的趋势,而扩径量先减小后增大。

3. 旋轮圆角半径对成形质量的影响

　　毛坯尺寸:壁厚为 6.2mm,长为 40mm。

　　工艺参数:减薄率为 40%,旋轮工作角为 18°,旋轮进给比取 0.8mm/r,旋轮圆角半径分别取值 4mm、6mm、8mm、10mm、12mm。

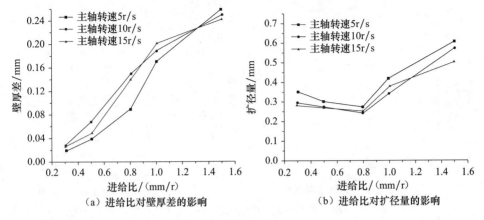

（a）进给比对壁厚差的影响　　　　（b）进给比对扩径量的影响

图 4.3　进给比对成形质量的影响

不同的旋轮圆角半径对强力旋压件壁厚差、扩径量的影响如图 4.4 所示。当圆角半径增大时，壁厚偏差呈减小的趋势，扩径量先减小后增大。在一定的工艺条件下，对于强力旋压件的扩径量，存在着最佳圆角半径。

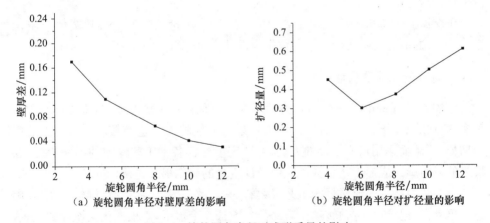

（a）旋轮圆角半径对壁厚差的影响　　　（b）旋轮圆角半径对扩径量的影响

图 4.4　旋轮圆角半径对成形质量的影响

4. 旋轮工作角对成形质量的影响

毛坯尺寸：壁厚为 6.2mm，长为 40mm。

工艺参数：减薄率为 40%，旋轮进给比取 0.8mm/r，旋轮圆角半径为 6mm，旋轮工作角分别取值 15°、18°、22°、25°、30°。

旋轮工作角是影响强力旋压过程的一个重要工艺参数。旋轮工作角与强力旋压件的壁厚差、扩径量的关系见图 4.5。随着旋轮工作角的增大，旋轮前材料易堆积，变形失稳，壁厚差增大，而扩径量先减小后增大。

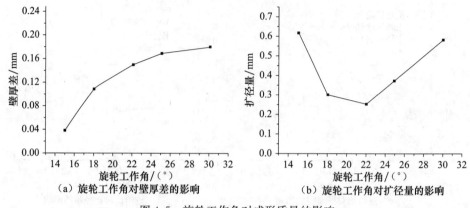

　　（a）旋轮工作角对壁厚差的影响　　　　（b）旋轮工作角对扩径量的影响

图 4.5　旋轮工作角对成形质量的影响

4.2.3　强力旋压连杆衬套虚拟正交试验设计

1. 分析目标与设计变量的选取

正交试验的优化目标与之前相同,选取强力旋压产品的壁厚差和扩径量为评价指标进行分析。

正交试验中选取壁厚减薄率 ψ_t、坯料壁厚 t_0、旋轮工作角 α、旋轮圆角半径 ρ、进给比 f、主轴转速 n 几个工艺参数作为设计变量进行研究。

2. 虚拟正交试验设计

前述基于 Simufact 平台对强力旋压成形过程进行了数值模拟,采用单一因素轮换法对强力旋压工艺参数进行研究,结果只能反映出工艺参数对成形质量的影响趋势[8,9]。而运用正交设计的方法,可以定量分析各个工艺参数的影响程度,为最终的强力旋压成形工艺参数优化中设计变量的确定提供理论依据[10]。

影响强力旋压成形质量的工艺参数有 6 个:减薄率、坯料壁厚、旋轮工作角、旋轮圆角半径、进给比、主轴转速。若每个参数选 5 个水平,则根据正交设计试验表,总共需要 $L_{25}(5^6)$ 次有限元计算。正交试验及因素设计试验表如表 4.1 所示。

表 4.1　正交设计方案

因素水平	减薄率 $\psi_t/\%$	坯料壁厚 t_0/mm	工作角 $\alpha/(°)$	圆角半径 ρ/mm	进给比 $f/(\mathrm{mm/r})$	主轴转速 $n/(\mathrm{r/s})$
1	30	3	15	5	0.5	5
2	35	4	18	8	1.0	8
3	40	5	22	10	1.5	12
4	45	6	25	12	2.0	16
5	50	7	30	15	2.5	20

4.2.4　试验结果与分析

根据正交表的安排,用 Simufact 软件对强力旋压成形过程进行仿真,对采集数据进行处理。强力旋压成形正交试验结果如表 4.2 所示。

表 4.2　强力旋压成形正交试验结果

试验号	ψ_t /%	t_0 /mm	α /(°)	ρ /mm	f /(mm/r)	n /(r/s)	壁厚差 /mm	扩径量 /mm
1	1	1	1	1	1	1	0.10323	0.39266
2	1	2	2	2	2	2	0.13310	0.29440
3	1	3	3	3	3	3	0.14253	0.39082
4	1	4	4	4	4	4	0.12074	0.37670
5	1	5	5	5	5	5	0.13129	0.25159
6	2	1	2	3	4	5	0.21155	0.47016
7	2	2	3	4	5	1	0.28521	0.60643
8	2	3	4	5	1	2	0.04061	0.43109
9	2	4	5	1	2	3	0.21357	0.37051
10	2	5	1	2	3	4	0.08188	0.38375
11	3	1	3	5	2	4	0.25217	0.31597
12	3	2	4	1	3	5	0.11187	0.22699
13	3	3	5	2	4	1	0.22150	0.10160
14	3	4	1	3	5	2	0.24250	0.35148
15	3	5	2	4	1	3	0.17128	0.42672
16	4	1	4	2	5	3	0.23260	0.31596
17	4	2	5	3	1	4	0.18714	0.63107
18	4	3	1	4	2	5	0.26046	0.36378
19	4	4	2	5	3	1	0.22418	0.43142
20	4	5	3	1	4	2	0.34358	0.21035
21	5	1	5	4	3	2	0.37148	0.41590
22	5	2	1	5	4	3	0.00715	0.38508
23	5	3	2	1	5	4	0.42060	0.65559
24	5	4	3	2	1	5	0.11011	0.36236
25	5	5	4	3	2	1	0.11284	0.36407
26	3	5	4	2	1	5	0.0984	0.22534

分别以强力旋压件的壁厚差和扩径量为指标,按照正交试验的极差分析法对仿真结果进行分析,如表 4.3 所示。

表 4.3　壁厚差极差分析结果

试验指标	极差					
K_1	0.63089	1.17102	0.69521	1.19285	0.61238	0.94696
K_2	0.83282	0.72446	1.16071	0.77919	0.97213	1.13126
K_3	0.99931	1.08569	1.1336	0.89656	0.93193	0.76713
K_4	1.24795	0.9111	0.61865	1.20917	0.90451	1.06253
K_5	1.02218	0.84087	1.12497	0.65538	1.31219	0.82527
k_1	0.12618	0.2342	0.13904	0.23857	0.12248	0.18939
k_2	0.16656	0.14489	0.23214	0.15584	0.19443	0.22625
k_3	0.19986	0.21714	0.22672	0.17931	0.18639	0.15343
k_4	0.24959	0.18222	0.12373	0.24183	0.1809	0.21251
k_5	0.20444	0.16817	0.22499	0.13108	0.26244	0.16505
R	0.12341	0.08931	0.10841	0.11076	0.13996	0.07283

从表 4.3 的极差结果可以得到,各个工艺参数对强力旋压件壁厚差的影响显著性顺序为:进给比、减薄率、旋轮圆角半径、旋轮工作角、坯料的壁厚、主轴转速。

以壁厚误差最小为优化目标,对应的最优工艺参数组合为: $\psi_{t1} t_{02} \alpha_4 \rho_5 f_1 n_3$。

减薄率 ψ_t:30%。

坯料壁厚 t_0:4mm。

旋轮工作角 α:25°。

旋轮圆角半径 ρ:15mm。

进给比 f:0.5mm/r。

主轴转速 n:12r/s。

表 4.4 为扩径量极差分析结果。从表 4.4 中可以得到,在强力旋压成形过程中,对扩径量的影响主次顺序依次为:减薄率、旋轮圆角半径、进给比、主轴转速、旋轮工作角、坯料壁厚。

表 4.4　扩径量极差分析结果

试验指标	极差					
K_1	1.70617	1.91065	1.87675	1.85610	2.24389	1.89617
K_2	2.26194	2.14397	2.27829	1.45806	1.70872	1.70322
K_3	1.42275	1.94287	1.88594	2.20760	1.84888	1.88909
K_4	1.95258	1.89247	1.71481	2.18953	1.54390	2.36308
K_5	2.18300	1.63648	1.77067	1.81515	2.18106	1.67488
k_1	0.34123	0.38213	0.37535	0.37122	0.44878	0.37923
k_2	0.45239	0.42879	0.45566	0.29161	0.34174	0.34064

续表

试验指标	极差					
k_3	0.28455	0.38857	0.37719	0.44152	0.36978	0.37782
k_4	0.39052	0.37849	0.34296	0.43791	0.30878	0.47262
k_5	0.43660	0.32730	0.35413	0.36303	0.43621	0.33498
R	0.16784	0.10150	0.11270	0.14991	0.14000	0.13764

以扩径量最小为优化目标,对应的最优工艺参数组合为 $\psi_{t3} t_{05} \alpha_4 \rho_2 f_4 n_5$。

减薄率 ψ_t:40%。

坯料壁厚 t_0:7mm。

旋轮工作角 α:25°。

旋轮圆角半径 ρ:8mm。

进给比 f:2.0mm/r。

主轴转速 n:20r/s。

分析结果表明,优化目标不同,对应的最优工艺参数组合也不同。这是典型的多目标优化问题的特点,通过综合平衡法可以得到兼顾各个目标都较优的工艺参数。

减薄率:对于壁厚差的影响排第 2 位,但是对于扩径量的影响是最主要的,所以减薄率取第 3 水平。

坯料壁厚:对于壁厚差的影响处于第 5 位,对于扩径量的影响不明显,综合来看,坯料壁厚应取第 2 水平。

旋轮工作角:对于两个目标的最优水平都为第 4 位,所以旋轮工作角取第 4 水平。

旋轮圆角半径:对于壁厚差的影响排在第 3 位,对于扩径量的影响排在第 2 位,所以综合考虑,旋轮圆角半径取第 2 水平。

进给比:对于壁厚差的影响最为显著,对于扩径量的影响排第 3 位,所以进给比取第 1 水平。

主轴转速:对壁厚差的影响最不明显,对扩径量的影响排第 4 位,所以主轴转速取第 5 水平。

综上分析可得,优化后的工艺参数为 $\psi_{t3} t_{05} \alpha_4 \rho_2 f_1 n_5$。即减薄率为 40%,坯料壁厚为 4mm,旋轮工作角为 25°,旋轮圆角半径为 8mm,进给比为 0.5mm/r,主轴转速为 20r/s。因其不在所做的试验中,所以追加了 26 号验证试验。

验证试验结果见表 4.2,其壁厚差为 0.0984mm,扩径量为 0.22534mm。由此可见,优化后的工艺参数是可信的,不仅有效提高了壁厚的均匀厚度,而且减小了扩径量。

4.3　强力旋压工艺参数 BP 神经网络建模

　　强力旋压成形的各工艺参数与成形质量之间是复杂的非线性关系,很难找到一个反映其内部规律的精确数学模型。基于正交试验的优化方法只能得到几个因素水平中的较优值,既不能实现预测,也不能获得最佳的工艺参数,特别是在多目标优化上还有很大的不足。当给定工艺参数取值时,需要通过数值模拟或者试验的方式才能确定相应的成形制品质量参数值。有限元优化的方法虽然可以用于预测成形件的质量参数,但是需要经过数次的建模、仿真和结果分析,耗费大量的时间才有望找到一组相对较好的组合。

　　神经网络技术可以模拟人脑的某些智能行为,具有自学习、自组织、自适应、高容错以及高度非线性描述能力,是一种处理高度非线性、函数关系不十分明显问题的有效方法,可对复杂的非线性过程进行高效准确的建模。文献[11]运用神经网络技术建立了 TC11 钛合金力学性能与其影响因素之前的映射关系;文献[12]运用 BP 神经网络技术和遗传算法对机械扩径工艺参数进行优化。因此,运用 BP 神经网络技术能够在强力旋压的工艺参数和成形质量控制参数之间建立一种非线性映射关系,直接为遗传算法提供计算适应度函数所需的目标函数值,从而避免了大量的有限元计算过程。通过 BP 神经网络技术,建立强力旋压成形工艺参数与成形件质量控制参数之间的非线性映射关系[13,14],能够很好地反映强力旋压成形工艺参数和成形质量控制参数之间的复杂关系,并可以缩短工艺参数优化的时间,也可以提高工艺参数预测的质量。

4.3.1　强力旋压连杆衬套神经网络建模

1. 网络结构设计

1) 网络的输入输出

　　在设计新的 BP 神经网络模型时,不仅要设计网络的层数、每层的神经元个数,还要考虑模型中的激活函数、初始值和学习率。研究表明,两层网络在其隐含层中使用 S 形传输函数,在输入层中使用线性函数,只要隐含层中有足够的单元可用,就几乎可以以任意精度逼近任何感兴趣的函数[15]。隐含层数多,虽然可以提高精度、降低误差,但是会使网络结构过于复杂,增加训练的时间。因此,本节建立的神经网络为三层。

　　输入输出参数是根据输入信息和输出信息来确定的,是建立神经网络过程中的关键环节。对于强力旋压成形过程,将壁厚减薄率 ψ、坯料壁厚 t_0、旋轮工作角 α、旋轮圆角半径 ρ、进给比 f、主轴转速 n 这 6 个工艺参数作为神经网络模型的输入,旋压制品的壁厚差、扩径量两个评价指标作为模型的输出。因此,输入层、输出层的神经元个数分别为 6 个和 2 个。

2) 中间隐含层

网络模型的隐含层神经元数目体现网络的拟合能力,隐含层节点数对 BP 神经网络预测精度有较大的影响:当节点数较少时,网络的学习效果不理想,不能有效预测输出,训练的精度也不够准确,需要增加训练次数;节点数太多,不仅会使网络训练的时间增加,而且增大网络过拟合的可能性。目前,常用如下公式确定隐含层节点数:

$$l < \sqrt{(m+n)} + a \tag{4.4}$$

$$l \geqslant \log_2 n \tag{4.5}$$

$$l = \sqrt{mn} \tag{4.6}$$

$$0.02n < l < 4n \tag{4.7}$$

式中,l、m、n 分别为隐含层、输出层、输入层的节点数;a 取 0～10 内的常数。实际应用中可以先根据以上公式找出节点的大概范围,然后通过试凑法来确定最佳的节点数。

通过试凑法确定所建立网络模型的隐含层节点数为 20,所以建立的 BP 神经网络为 6-20-2 结构,即输入层为 6 个神经元,隐含层为 20 个神经元,输出层为 2 个神经元。网络模型结构如图 4.6 所示。

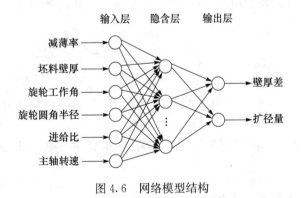

图 4.6　网络模型结构

3) 节点转移函数

节点转移函数可以直接从 MATLAB 神经网络工具箱中选择,主要有以下三种。

logsig 函数:$y = 1/[1 - \exp(-x)]$。

tansig 函数:$y = 2/[1 - \exp(-2x)] - 1$。

purelin 函数：$y=x$。

节点转移函数选择的不同，神经网络的预测精度差异较大，对于隐含层一般选用 logsig 函数或 tansig 函数，而对于输出层一般选用 tansig 或 purelin 函数。在此，输入层和隐含层之间的节点转移函数用 tansig 函数，隐含层和输出层之间的节点转移函数用 purelin 函数。

2. 网络参数的选择

1) 初始权值的选择

BP 算法学习时权值的初始值是很重要的，设置不当将会对学习率造成影响，一般选用均布分布对权值的初始值进行设置，并且选择随机数以避免每一步权值的调整方向是同向的（即权值同时增大或同时减小）。

2) 学习率

学习率作为影响 BP 算法中最为重要的因素之一，它直接决定每次循环过程中所产生的权值变化程度。当学习率过大时，可能会导致网络系统不稳定，甚至导致网络结果不收敛；当学习率过小时，网络会使用较长时间进行训练，收敛速度慢，但是可以保证计算的误差不跳出表面低谷，从而逐渐趋近最小误差值。因此，在选择学习率时，经常选择较小的值以保证网络稳定性。学习率的选取范围一般为 $0.01\sim0.8$。

同时，在学习率自适应调整算法中，如果误差减小并趋近误差最小值，则修正方向是正确的，可适当增加学习率；如果误差增加并超过预定误差值，则修正方向是错误的，可适当减少学习率：

$$\alpha(n+1)=\begin{cases} k_{inc}\alpha(n), & E(n+1)<E(n) \\ k_{dec}\alpha(n), & E(n+1)\geqslant E(n) \end{cases} \tag{4.8}$$

式中，k_{inc} 为学习率增量因子，用于增加学习率；k_{dec} 为学习率减量因子，用于减小学习率。

采用自适应学习率，既可以缩短训练时间，提高学习率，又增加了学习算法的可靠性。

4.3.2 网络训练样本数据的确定

为了使建立的神经网络模型具有良好的性能，能够准确地反映强力旋压成形的工艺参数和旋压件之间的非线性函数关系，将虚拟正交试验所获得的有限元仿真数据作为网络模型的训练样本，具体数据如表 4.2 和表 4.5 所示。

表 4.5　神经网络模型训练样本

减薄率 /%	坯料壁厚 /mm	旋轮工作角 /(°)	旋轮圆角半径 /mm	进给比 /(mm/r)	主轴转速 /(r/s)	壁厚差 /mm	扩径量 /mm
30	4	18	6	0.8	10	0.03034	0.11216
30	6	18	6	0.8	10	0.02159	0.14067
30	8	18	6	0.8	10	0.05298	0.22441
35	4	18	6	0.8	10	0.05034	0.19312
35	6	18	6	0.8	10	0.07198	0.27268
35	8	18	6	0.8	10	0.00190	0.37380
40	4	18	6	0.8	10	0.13398	0.22433
40	6	18	6	0.8	10	0.11025	0.3124
40	8	18	6	0.8	10	0.14198	0.4358
45	4	18	6	0.8	10	0.17279	0.28298
45	6	18	6	0.8	10	0.14135	0.42246
45	8	18	6	0.8	10	0.19369	0.48411
50	4	18	6	0.8	10	0.20357	0.58156
50	6	18	6	0.8	10	0.18057	0.72157
50	8	18	6	0.8	10	0.22389	0.74059
40	6.2	18	6	0.3	5	0.02298	0.35198
40	6.2	18	6	0.5	5	0.04159	0.3498
40	6.2	18	6	0.8	5	0.09098	0.27087
40	6.2	18	6	1.0	5	0.17187	0.42098
40	6.2	18	6	1.5	5	0.26158	0.61398
40	6.2	18	6	0.3	10	0.03189	0.3042
40	6.2	18	6	0.5	10	0.07198	0.27298
40	6.2	18	6	0.8	10	0.11025	0.3124
40	6.2	18	6	1.0	10	0.19019	0.44059
40	6.2	18	6	1.5	10	0.25178	0.57065
40	6.2	18	6	0.3	15	0.03124	0.28078
40	6.2	18	6	0.5	15	0.05378	0.27489
40	6.2	18	6	0.8	15	0.14348	0.25466
40	6.2	18	6	1.0	15	0.2048	0.38159
40	6.2	18	6	1.5	15	0.24489	0.5257
40	6.2	18	4	0.8	10	0.17358	0.45464
40	6.2	18	6	0.8	10	0.11025	0.3124
40	6.2	18	8	0.8	10	0.064389	0.37187
40	6.2	18	10	0.8	10	0.04298	0.5189
40	6.2	18	12	0.8	10	0.03487	0.61089
40	6.2	15	6	0.8	10	0.04087	0.62178
40	6.2	18	6	0.8	10	0.11025	0.3124
40	6.2	22	6	0.8	10	0.15387	0.25454
40	6.2	25	6	0.8	10	0.17083	0.37135
40	6.2	30	6	0.8	10	0.18198	0.58285

由于各输入参数处于不同的数量级,需要对数据进行归一化处理。数据归一化处理是神经网络预测前对数据常做的一种处理方法。归一化处理主要是为了消除各个参数之间数量级的差别,避免造成网络预测误差。具体操作是把所有的数据都转化为$[0,1]$内的数值,主要有以下两种归一化方法。

1) 最大最小法

函数形式如下:

$$x_k = \frac{x_k - x_{min}}{x_{max} - x_{min}} \qquad (4.9)$$

式中,x_{min}为数据序列中的最小值;x_{max}为序列中的最大数。

2) 平均数方差法

函数形式如下:

$$x_k = \frac{x_k - x_{mean}}{x_{var}} \qquad (4.10)$$

式中,x_{mean}为数据序列的均值;x_{var}为数据的方差。

在此,对处于不同数量级的输入参数的归一化处理采用第一种方法。

4.3.3　网络模型的训练和精度的检验

将表 4.2 和表 4.5 中训练样本数据随机排序并分为两部分:一部分作为神经网络的训练集;另一部分作为测试集。利用之前建立的网络结构及初始条件对网络模型进行训练,将 1～50 组数据作为训练样本。网络训练误差下降情况如图 4.7 所示,经过 317 步训练后误差达到最小值 0.71295。

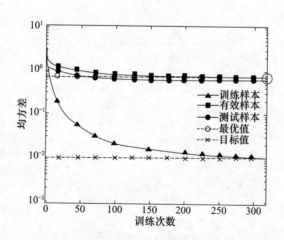

图 4.7　BP 神经网络的训练误差下降图

BP 神经网络最终权值 w_1、w_2 和阈值 b_1、b_2 分别如下:

$$
w_1 = \begin{bmatrix}
1.1859 & -0.5897 & 0.2888 & 0.9444 & -1.1366 & -0.9081 \\
0.3165 & 0.7392 & -0.6862 & -1.1950 & -0.6941 & 1.2685 \\
-1.1761 & 0.6395 & 0.3722 & -0.3384 & -0.8448 & 1.3925 \\
-1.2716 & -0.4695 & 0.7581 & -0.9432 & -1.3166 & 0.4624 \\
-0.8133 & 0.2013 & 0.8520 & 0.9985 & -0.8494 & -1.4514 \\
1.2902 & -1.6383 & -0.0898 & -0.2437 & -0.2131 & -0.9640 \\
-0.5563 & -1.0166 & -1.0937 & 0.9893 & -1.2995 & -0.3719 \\
1.0979 & 0.1301 & -0.9484 & -0.9078 & 1.2433 & 0.8748 \\
-0.4671 & 0.7958 & 1.1256 & -0.4544 & 1.2959 & -0.9931 \\
1.0329 & 1.0649 & -0.9109 & -0.9581 & -0.0806 & -1.0910 \\
-0.1525 & -1.2002 & 1.0312 & -0.9719 & 0.0216 & -1.1809 \\
-1.1621 & 0.2699 & 0.3204 & 1.8052 & -0.5477 & 0.5780 \\
-0.7071 & -0.0854 & 1.5392 & 0.2498 & 1.2617 & 0.7693 \\
0.3001 & -1.5827 & -1.4471 & 0.0983 & -0.4450 & 0.4868 \\
-0.1445 & -0.6508 & -0.1881 & -1.4707 & -1.5897 & -0.1375 \\
-0.6494 & -1.2596 & -1.1999 & 0.9115 & 0.9328 & 0.1675 \\
0.9083 & 0.8745 & 1.4857 & 0.2140 & -0.4522 & -0.7762 \\
0.3666 & -0.6404 & -1.8372 & -0.5222 & -0.8757 & 0.9443 \\
0.1951 & 0.2287 & 1.4699 & 0.0852 & -0.5765 & -1.6694 \\
1.1991 & -1.0125 & 0.8886 & -0.2221 & -1.0425 & 0.4589
\end{bmatrix};
$$

$$
b_2 = \begin{bmatrix} 0.8168 \\ -0.2096 \end{bmatrix}; \quad
b_1 = \begin{bmatrix}
-2.4025 \\ -2.2022 \\ 1.9575 \\ 1.5835 \\ 1.3552 \\ -1.1030 \\ 0.9377 \\ -0.6173 \\ 0.2420 \\ -0.1480 \\ -0.2036 \\ -0.3996 \\ -0.7496 \\ 0.8949 \\ -1.0855 \\ -1.3791 \\ 1.8663 \\ 1.6239 \\ 1.9319 \\ 2.4514
\end{bmatrix}; \quad
w_2^{\mathrm{T}} = \begin{bmatrix}
-0.1712 & -0.0611 \\ 0.2288 & 0.2996 \\ -0.8863 & 0.4259 \\ 0.3548 & -0.5046 \\ -0.0858 & -0.0374 \\ -0.3083 & 0.2430 \\ 0.2471 & 0.6452 \\ 0.4727 & 0.3740 \\ -0.3167 & 0.4734 \\ 0.1274 & -0.1628 \\ 0.6890 & 0.2082 \\ 0.3153 & 0.4238 \\ -0.0909 & -0.3657 \\ -0.3192 & -0.0239 \\ -0.5019 & 0.0952 \\ -0.5672 & -0.2146 \\ -0.7854 & -0.2326 \\ -0.1800 & -0.4500 \\ 0.4502 & 0.0193 \\ -0.5948 & 0.6870
\end{bmatrix}
$$

将随机排序后的 51～65 组数据作为测试数据。将其输入训练好的网络模型中进行壁厚预测。神经网络的预测误差如图 4.8 所示。

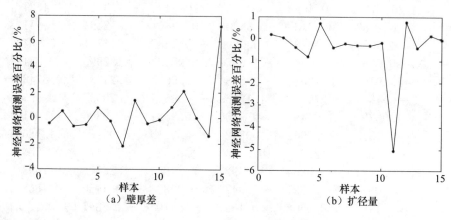

图 4.8　神经网络的预测误差

从图 4.8 中可以看出,壁厚差的期望值和预测值的相对误差百分比在 8% 以内,扩径量的期望值和预测误差百分比在 6% 以内,误差在可接受的范围之内,说明该网络模型可以作为强力旋压成形件质量参数的预测模型。

4.4　基于遗传算法的强力旋压工艺参数优化

在实际的生产中,强力旋压件质量是通过综合工艺条件保证的,任一工艺条件选择不当,都可能出现工件缺陷。有些缺陷的避免要综合考虑。例如,小的进给比可提高表面质量,但易出现扩径与椭圆;大的进给比可控制旋压件的尺寸精度,但易出现失稳堆积。通过对强力旋压成形工艺参数进行优化,不仅能够得到较好的工艺参数组合,使生产的产品质量和精度都能够达到较高的水准,而且能够使强力旋压成形工艺参数的设计水平得到提高。

为了提高强力旋压件的壁厚精度和减小成形件的扩径量,对强力旋压成形工艺参数进行优化,需要考虑的优化目标有两项,是一个多目标函数优化的问题。多目标函数优化的方法有很多,针对强力旋压成形的工艺参数这一具体问题,选用遗传算法进行优化。

4.4.1　强力旋压工艺参数优化模型

强力旋压件的质量的优化目标包括壁厚差和扩径量。由前面研究可知,为了得到壁厚均匀扩径量小的强力旋压件,需要确定影响成形质量的主要工艺参数为进给比、减薄率、旋轮圆角半径。在实际的生产中,由于减薄率对强力旋压成品的力学性能影响很大,不同产品要求的减薄率也不同。为此,在减薄率为 40% 的前提下,以强力旋压件的壁厚差和扩径量最小值为目标对强力旋压工艺参数进行优化,选取进给比和圆角半径为优化设计变量,建立的强力旋压成形多目标优化数学模型如下:

$$\begin{cases} \min f_1(x_1,x_2) \\ \min f_2(x_1,x_2) \end{cases} \tag{1.11}$$

式中,x_1 为进给比,$0.5\text{mm/r}<x_1<2.5\text{mm/r}$;$x_2$ 为旋轮圆角半径,$5\text{mm}<x_2<15\text{mm}$;$f_1(x_1,x_2)$ 为旋压件扩径量(第一目标函数);$f_2(x_1,x_2)$ 为旋压件壁厚差(第二目标函数)。

4.4.2　工艺参数的遗传优化

以强力旋压成形件的壁厚差和扩径量最小值为优化目标,选用并列选择法对强力旋压成形多目标遗传算法进行优化,首先需要对强力旋压工艺参数进行编码。为此,采用实数编码方法对设计变量进给比和圆角半径进行编码。

群体的进化行为是由适应度函数的形式决定的,适应值是区分群体中个体(问题的解)的唯一指标。在遗传算中不仅将适应值规定为非负,而且总是希望其越大越好,这样就能够直接将适应度函数与群体中的个体优劣度量联系起来。针对优化目标为强力旋压件的壁厚差和扩径量,由前述建立的神经网络模型可以得到强力旋压工艺参数和优化目标之间的非线性映射关系为

$$t = \text{purelin}(w_2 \times \text{tansig}(w_1 \times p + b_1) + b_2) \tag{4.12}$$

式中,p、t 分别为网络模型的输入和输出;w_1、b_1 和 w_2、b_2 分别为第一层和第二层的权值和阈值;purelin、tansig 分别为输入层和隐含层、隐含层和输出层之间的节点转移函数。

由于目标函数为整数且数值越小越好,属于极小值问题,所以适应度函数分别为

$$F_i(X) = 10 - t_i(X) \tag{4.13}$$

式中,$F_i(X)$ 为适应度函数($i=1,2$,下同);$t_i(X)$ 为旋压成形件的壁厚差或扩径量。

为保证在工艺参数优化求解过程中能以最佳的搜索轨迹达到最优解,需要对一些参数进行合理的选择和控制,因为这些参数在遗传算法的运行中会对其性能产生影响。许多学者在大量研究的基础上给出了最优化参数建议[16~18]。这些参数主要有以下几种。

(1) 位串长度 L:选用实数编码的方法,所以编码长度与决策变量个数相等,其值为 2。

（2）群体规模 n：一般情况下 n 在 20～200 内取值。

（3）交叉概率 P_c：一般取 P_c＝0.60～1.00，本节确定的交叉概率为 0.8。

（4）变异概率 P_m：变异操作能够使交配池中的每个个体位串上的每个基因在交叉操作完成后按变异率随机进行变异，这样就能够保持群体的多样性。一般取 P_m＝0.005～0.1，本节选取的交叉概率为 0.08。

（5）终止代数：本节设计的终止代数为 100。

以前述正交试验选优结果为例，减薄率取 40％，坯料壁厚为 4mm，旋轮工作角为 25°，主轴转速为 20r/s，进给比和圆角半径这两个强力旋压工艺参数为成形件质量影响显著的因素。为此，运用遗传算法对进给比和圆角半径这两个强力旋压工艺参数进行优化。基于 BP 神经网络和遗传算法的优化算法流程如图 4.9 所示。

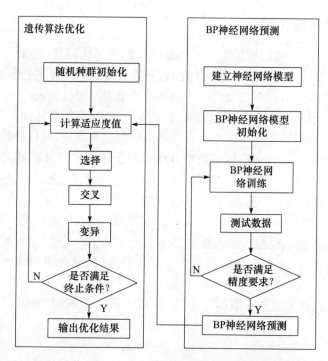

图 4.9　基于 BP 神经网络和遗传算法的优化算法流程

以强力旋压成形质量参数预测神经网络模型中工艺参数与成形件质量间的函数关系为适应度函数，经过遗传算法的迭代之后得到如表 4.6 所示的 10 组非劣的 Pareto 解。表中实际有四组不同的解集 1、2、5、6，其余的 3、4 号解与 2 号相同，7～10 号解与 6 号相同，上述解都在可行域内，可以作为优化后的 Pareto 解。

表 4.6　包含非劣解的 Pareto 最优解集

序号	圆角半径/mm	进给比/(mm/r)	壁厚差/mm	扩径量/mm
1	**5.93005**	**0.86536**	**0.03547**	**0.18056**
2	**5.95985**	**0.86752**	**0.02848**	**0.20248**
3	5.95985	0.86752	0.02848	0.20248
4	5.95985	0.86752	0.02848	0.20248
5	**5.94687**	**0.85405**	**0.03298**	**0.19545**
6	**5.78224**	**0.84524**	**0.02534**	**0.20568**
7	5.78224	0.84524	0.02534	0.20568
8	5.78224	0.84524	0.02534	0.20568
9	5.78224	0.84524	0.02534	0.20568
10	5.78224	0.84524	0.02534	0.20568

图 4.10 为优化目标函数随迭代次数变化的曲线。从图中可以看出,随着迭代次数的逐渐增加,目标函数随之减小,即逐渐趋于最优解。

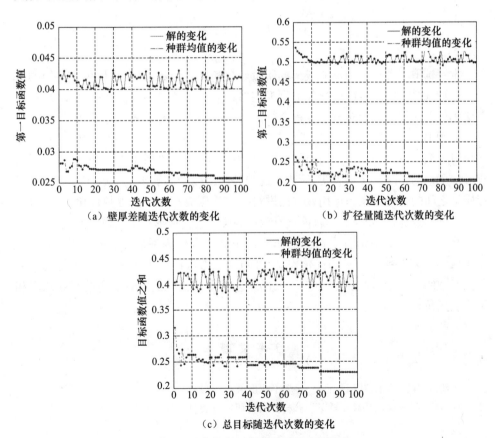

（a）壁厚差随迭代次数的变化　　　　（b）扩径量随迭代次数的变化

（c）总目标随迭代次数的变化

图 4.10　优化目标函数随迭代次数变化

为验证遗传算优化的有效性,根据优化的结果进行有限元仿真,优化结果与仿真结果对比如表 4.7 所示[19]。

表 4.7　优化结果与仿真结果对比

旋压参数		壁厚差			扩径量		
圆角半径 /mm	进给比 /(mm/r)	优化结果 /mm	仿真结果 /mm	误差 /%	优化结果 /mm	仿真结果 /mm	误差 /%
5.93005	0.86536	0.03547	0.03813	6.1	0.18056	0.19472	7.2
5.95958	0.87752	0.02848	0.02738	3.8	0.20248	0.20982	3.4
5.94687	0.85405	0.03298	0.03454	4.5	0.19545	0.19004	2.8
5.78224	0.84524	0.02534	0.02385	5.8	0.20568	0.21149	2.7

由表 4.7 可知,经过遗传算法的优化能够得到使壁厚更均匀、扩径量更小的工艺参数组合,由此验证了基于 BP 神经网络和遗传算法的旋压衬套工艺参数优化方法的有效性。

4.5　小　　结

本章选取了评价强力旋压成形的质量参数和工艺参数,首先采用单一轮换的方法,对成形过程进行仿真,得到各主要工艺参数对成形质量参数的影响规律,之后在正交优化设计的基础上对成形过程进行仿真,为神经网络建模提供了样本。

应用 BP 神经网络技术,在强力旋压工艺参数和成形件的质量之间建立起非线性映射关系。将之前的仿真结果作为样本数据对神经网络模型进行训练,以实现对成形件质量的预测。结果表明,所建立的神经网络模型能够准确反映工艺参数与成形质量之间的函数关系。运用该方法进行强力旋压成形的工艺参数优化,不仅可以缩短工艺参数优化的时间,而且能够有效提高强力旋压成形件工艺设计的效率。

将工艺参数与成形件质量间的非线性函数关系作为适应度函数,建立了强力旋压成形工艺参数多目标的优化模型,并对工艺参数进行了优化,得到了优化后的工艺参数组合。所建立的强力旋压成形工艺参数优化方法具有一定的指导意义和工程实用价值。

参 考 文 献

[1]　张涛. 旋压成形工艺[M]. 北京:化学工业出版社,2009.

[2]　周世杰,黄沙棘,刘彤妍. 轿车活塞衬套材料研究进展[J]. 金属铸锻焊技术,2008,(3):104-106.

[3]　樊文欣,张涛,宋河金. 强力旋压加工的高速柴油机连杆衬套[J]. 车用发动机,1997,(2):

32-35.

[4] Xu Y Z. 3D rigid-plastic FEM numerical simulation on tube spinning[J]. Journal of Materials Processing Technology,2001,113:710-713.

[5] Xue K M,Lv Y. Elastic-plastic FEM analysis and experimental study of diametral growth in tube spinning[J]. Journal of Materials Processing Technology,1997,69:172-175.

[6] 王成和,刘克璋. 旋压技术[M]. 北京:机械工业出版社,1986.

[7] 卫原平,王轶为. 工艺参数对筒形件强力旋压过程的影响[J]. 模具技术,2000,(4):12-16.

[8] 黄皆捷. 筒形件强力旋压数据库及生产参数优选[J]. 上海交通大学学报,1993,(10):104-119.

[9] 柏艳辉,周南强,潘振显,等. 旋压成型工艺的计算机仿真模拟技术[C]. 中国工程物理研究院科技年报,2000.

[10] 冯志刚,樊文欣,赵俊生,等. 基于正交试验的连杆衬套强力旋压成形分析[J]. 热加工工艺,2014,43(7):100-103.

[11] 孙宇,曾伟东,赵永庆,等. 基于 BP 神经网络的 TC11 钛合金工艺-性能模型预测[J]. 稀有金属材料与工程,2011,40(11):1951-1955.

[12] 杨艳子,郭宝峰,金淼. 基于 BP 网络的机械扩径工艺参数预测方法[J]. 塑性工程学报,2008,15(3):147-151.

[13] 冯志刚,樊文欣,赵俊生,等. 基于 BP 神经网络的强力旋压成形连杆衬套壁厚预测[J]. 热加工工艺,2014,43(3):129-134.

[14] 冯志刚,赵俊生,樊文欣,等. 基于 BP 神经网络的强力旋压成形连杆衬套力学性能预测[J]. 热加工工艺,2014,43(5):89-91.

[15] Hagan M T,Demuth H B,Beale M. 神经网络设计[M]. 北京:机械工业出版社,2003.

[16] Michalewicz Z,Janikow C Z,Krawczyk J B. A modified genetic algorithm for optimal control problems[J]. Computers and Mathematical Applications,1992,23(12):83-94.

[17] Jong K A. An analysis of the behavior of a class of genetic adaptive systems[D]. Ann Arbor:University of Michigan,1975.

[18] Grefenstette J J. Optimization of control parameters for genetic algorithms[J]. IEEE Transaction on Systems,Man,and Cybernetics,1986:122-128.

[19] 周永召,樊文欣,赵俊生,等. 基于均匀设计法的连杆衬套强力旋压工艺优化研究[J]. 热加工工艺,2014,43(3):141-143.

第 5 章　连杆衬套孔径压缩配合收缩量分析

5.1　引　　言

在柴油机的滑动轴承中,最重要的有连杆轴承、主轴承及连杆衬套。相对于连杆轴承和主轴承,连杆衬套承受载荷要大很多;而连杆衬套对于活塞销的相对运动速度则远小于连杆轴承对曲柄、主轴承对主轴颈的相对运动速度[1]。

在轴承的相关设计研究中,保证形成油膜润滑的轴承孔径与轴颈的配合间隙研究相当多。由于工作环境比较恶劣,关于衬套与活塞销的配合间隙研究尤为必要,却常被忽略。

目前常用的装配是液氮冷装技术,安装时衬套的实际过盈量没有变化,待冷装恢复常温后,过盈量使衬套孔径产生了一定量的收缩[2],即衬套内孔尺寸有所变化。当与未考虑孔径收缩而设计的活塞销进行配合时,必然会出现无法装配的情况。常用的工艺过程是:在连杆衬套压入连杆小头孔后,经常需要对衬套的内孔进行再次加工或修刮,以使装配后衬套孔径恢复到设计尺寸[3]。然而,这既增加了工件的加工费用,又延长了装配时间,而且轴承为易损件,制造精度高、互换性强,一般装配后不允许进行任何补充加工。

在圆筒形零部件的配合分析计算中,配合过盈量引起孔径收缩是显而易见的。而连杆衬套与连杆小头的过盈配合对衬套孔径收缩的影响,以及对于连杆衬套、连杆小头及活塞销的配合计算,很长时间一直停留在弹性理论方法的数值计算中。对于衬套内径的加工尺寸一直都是基于经验推导的计算方法。例如,国内一些工厂中对孔径收缩值的确立,根据经验数据估计计算[4]:对于铁基粉末冶金衬套,内孔缩小量约等于外圆过盈量;对于铜基粉末冶金衬套,内孔缩小量约等于外圆过盈量的 60%。显然这种经验法是不合理的,没有一定的理论作为有效依据,具有很大的局限性。随后,从事机械零件表面应力状况方面研究的工程师许德明在产生孔径收缩方面有了一定的突破。他指出衬套不会因过盈而将连杆小头孔胀大,真正能产生过盈压力的过盈只有一部分,其余的过盈量便归结到使衬套内径缩小上[5],并依据摩擦与润滑理论及运动副间的运动形式,同时考虑到相关件的公差可能叠加的概率,得出了连杆衬套与活塞销选取合理配合间隙的公式。

随着有限元方法的应用,三维接触分析的方法能更好地分析连杆衬套、连杆小头及活塞销配合模型下的应力值及孔径变化情况[6]。然而,对于连杆衬套的变形研究大多是建立衬套与连杆小头的简化模型,然后进行理论计算,并未充分考虑油孔、油槽,以及工作中温度、外载荷的影响[7]。而在柴油机的实际工作中,这些因素的影响是必不可少的,所以考虑这些因素的影响是很有必要的。

　　本章运用弹性理论知识对简化连杆衬套过盈配合的弹性理论计算,分析了衬套结构尺寸、材料特性及压配过盈量对孔径变形的影响,以及热变形对衬套变形及配合间隙的影响。应用有限元法进行了连杆小头-衬套-活塞销三体接触强度分析,分析讨论了不同材质衬套、梯形衬套、圆筒形衬套的应力应变情况,着重分析了衬套中的油槽特性对孔径收缩量的影响,以及油槽、工作温度、衬套材质对收缩量的影响,为柴油机连杆的结构设计提供了参考依据。

5.2　简化连杆衬套弹性理论分析

5.2.1　圆筒紧配合弹性理论概述

　　弹性力学理论中处理圆形物体的平面问题,大多通过在极坐标下建立平衡微分方程、几何方程和物理方程来求解。关于圆筒受均布压力的分析指出,圆筒所受应力分布是轴对称的,当圆筒仅受内压时,在内表面处应力较大,外表面处较小,这样的应力分布不能充分发挥材料的作用。为了改进,工程中经常采用组合筒的方式。组合筒就是将两个圆筒用热压配合或压入配合过盈套在一起。两筒之间彼此施加压力,接触面处产生装配应力。这样,装配应力与内压力引起的工作应力叠加,将内筒内壁的径向应力最大值降低,达到提高整个构件承载能力的目的。柴油机连杆小头孔中压配衬套就是这类紧配合问题,其压配简图如图 5.1 所示。

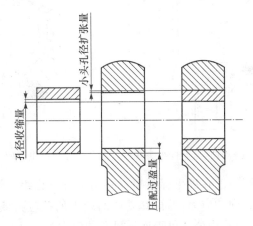

图 5.1　连杆衬套与连杆小头压配结构变化简图

衬套压入连杆小头孔后,衬套外表面与连杆小头孔内表面就有了接触。在接触问题中,通常都假定各弹性体在接触面上保持"完全接触",既不互相脱离,也不互相滑动。对于该类接触的分析需要在接触面上,将应力位移四个接触条件作为两个弹性体同样形状的边界条件进行求解[8]。

5.2.2　压配状态下的衬套应力应变分析

1. 压配过盈应力求解计算

连杆衬套与连杆小头孔过盈配合关系及应力分布如图 5.2 所示。对于该配合件,可以作为理想圆筒来分析。可以看出,由于圆筒的几何形状及载荷都对称于筒的轴线,变形与应力为轴对称,所以轴向应力、应变均为零[9]。由弹性力学理论计算可知,配合后产生的径向均布应力为

$$p = \frac{\Delta}{d_1\left[\dfrac{(d_2^2+d_1^2)/(d_2^2-d_1^2)+\mu_2}{E_2}+\dfrac{(d_1^2+d^2)/(d_1^2-d^2)-\mu_1}{E_1}\right]} \tag{5.1}$$

式中,Δ 为衬套压配过盈;μ_1 为衬套材料的泊松比,$\mu_1 = 0.33$;μ_2 为连杆材料的泊松比,$\mu_2 = 0.24$;E_2 为连杆材料的弹性模量,$E_2 = 2.1 \times 10^5$ MPa;E_1 为衬套材料的弹性模量,对于锡青铜,$E_1 = 1.1 \times 10^5$ MPa;d 为衬套内径;d_1 为连杆小头内径;d_2 为连杆小头外径。值得注意的是,在计算中代入的都是装配前衬套及连杆小头的基本尺寸。

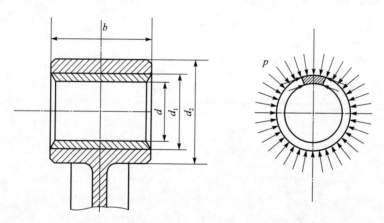

图 5.2　连杆衬套与连杆小头孔过盈配合尺寸及产生的应力分布

对于轴对称问题,一般在极坐标下建立平衡微分方程组。沿半径方向的正应力为径向应力;圆周方向的应力,即衬套受压而产生的拉应力或压应力,称为环向正应力或周向应力。由拉梅公式可得连杆衬套的应力为

$$\sigma_r = -\frac{pb^2}{b^2-a^2}\left(1-\frac{a^2}{r^2}\right) \tag{5.2}$$

$$\sigma_\theta = -\frac{pb^2}{b^2-a^2}\left(1+\frac{a^2}{r^2}\right) \tag{5.3}$$

式中，σ_r 为径向应力；σ_θ 为周向应力；a 为衬套内半径；b 为连杆小头内径半径；r 为径向变量。当 $r=a$ 及 $r=b$ 时，由式(5.1)、式(5.2)分别得连杆衬套的内、外壁应力为

$$\sigma_{r1}=0, \quad \sigma_{\theta1}=-\frac{2b^2}{b^2-a^2}p; \quad \sigma_{r2}=-p, \quad \sigma_{\theta2}=-\frac{b^2+a^2}{b^2-a^2}p$$

式中，σ_{r1}、σ_{r2} 分别为衬套内、外壁径向应力；$\sigma_{\theta1}$、$\sigma_{\theta2}$ 分别为衬套内、外壁周向应力。

2. 压配过盈应变求解计算

在连杆衬套的设计计算中，压配过盈量的选择应考虑如下两个因素。

(1) 衬套与连杆小头孔的接触应力，与其等价的是衬套外壁压配的周向应力，不得小于规定的最小许用应力值。

(2) 衬套外壁压配的周向应力不得大于规定的最大许用应力值，即屈服强度。

由弹性力学理论可知，对于平面轴对称问题，连杆衬套的位移分量为

(1) 对于平面应力问题：

$$u_r = \frac{1-\mu}{E}\frac{(-p)b^2r}{b^2-a^2}+\frac{1+\mu}{E}\frac{(-p)b^2a^2}{(b^2-a^2)r} \tag{5.4}$$

(2) 对于平面应变问题：

$$u_r' = \frac{(1+\mu)(1-2\mu)(-p)b^2r}{E(b^2-a^2)}+\frac{(1+\mu)(-p)b^2a^2}{E(b^2-a^2)r} \tag{5.5}$$

衬套压入连杆小头孔后，对于连杆衬套和连杆小头孔均产生压应力。连杆小头孔受到的扩张作用力与衬套外径受到的压缩作用力是一对大小相等、方向相反的力，从而引起连杆衬套外径和连杆小头孔内径的变化，该应力分布只与半径相关，且其中不存在剪应力。根据弹性力学理论可知，该作用力产生的径向位移如下：

连杆衬套的外径收缩量为

$$u_{d_1} = -\frac{pd_1}{E_1}\left(\frac{d_1^2+d^2}{d_1^2-d^2}-\mu_1\right) \tag{5.6}$$

连杆小头孔的内径扩张量为

$$u_{d_1}' = \frac{pd_1(1+\mu_2)\left[(1-2\mu_2)d_1^2+d_2^2\right]}{E_2(d_2^2-d_1^2)} \tag{5.7}$$

因此，压配过盈量 Δ 为

$$\Delta = |u_{d_1}|+u_{d_1}' \tag{5.8}$$

压配合下，不计油槽影响的连杆衬套内半径收缩量为

$$\varepsilon_0 = \frac{pd_1^2 d}{E_1(d_1^2 - d^2)} \tag{5.9}$$

由式(5.9)可知,当装配后衬套孔径尺寸为 $D_{\mathrm{EI}}^{\mathrm{ES}}$(ES、EI 为上、下偏差)时,装配前可将孔径直接加工至 $D_{\mathrm{EI}+2\varepsilon_0}^{\mathrm{ES}+2\varepsilon_0}$,装配后孔径收缩,刚好变为 $D_{\mathrm{EI}}^{\mathrm{ES}}$,满足要求。即衬套的实际加工中上下偏差为 ES$+2\varepsilon_0$、EI$+2\varepsilon_0$。

通过一定的材料分析,上述的修正尺寸计算只适用于直径小的衬套,直径越大,则衬套的材料均匀程度越难保证,在该情况下,必须考虑切向收缩的不均匀性。

对于理想的紧配合圆筒,可以应用拉梅公式对其进行分析计算。简化整体式圆筒形衬套与连杆小头的配合为两个理想圆筒的过盈配合,其表面粗糙度不计,并对加工不圆度予以忽略,则对其进行如下分析计算。

本算例中,主要以壁厚为 2mm 的衬套为研究对象,由于衬套厚度 $T=2$mm$<D/20=2.2$mm,其中 D 为衬套外径,该紧配合模型按薄壁圆筒与厚壁圆筒弹性过盈配合计算。对于过盈量的计算,应严格计算变形量,衬套以平面应力求解,连杆小头以平面应变求解。连杆衬套的力学性能如表 5.1 所示。

表 5.1　连杆衬套的力学性能

型号	屈服强度 $\sigma_{0.2}$/MPa	抗拉强度 σ_b/MPa	延伸率 δ/%	硬度 HBS	加工方式
QSn7-0.2	603~690	719~772	11.2~18.6	189~205	强力旋压

运用弹性变形理论,通过理论分析计算,表 5.2 列出了过盈量在 0.03~0.15mm 变化的理想圆筒形衬套的应力应变情况。

表 5.2　整体式圆筒形衬套收缩量及应力

过盈量/mm	0.03	0.05	0.06	0.08	0.10	0.135	0.15
孔径收缩量/mm	0.0278	0.0464	0.0556	0.0742	0.0927	0.1252	0.1391
径向应力/MPa	13.277	22.128	26.554	35.406	44.257	59.7468	66.385
外壁周向应力/MPa	139.725	232.876	279.451	372.601	465.751	628.7639	698.627
内壁周向应力/MPa	153.002	255.004	306.005	408.006	510.008	688.5107	765.012

对表 5.2 中的应力数据进行拟合,结果如图 5.3 所示,在弹性范围内应力应变呈线性关系。在理想圆筒衬套的理论计算中可知,当过盈达到 0.15mm 时,衬套外壁的周向应力已经超出许用屈服强度(603~690MPa)的最大取值范围,所以超过 0.15mm 的过盈量是不可取的。同时,衬套内壁的周向应力总高于衬套外壁的周向应力值,在实际过盈取值为 0.135mm 时,衬套内壁的周向应力值接近于屈服强度最大许用值,为保证衬套工作的可靠性,在本书中连杆衬套过盈量选取范围的最大上限值定为 0.135mm。

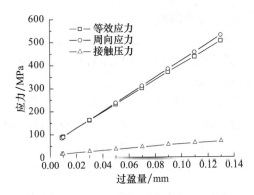

图 5.3　等效应力、周向应力、接触压力随过盈量的变化关系

由弹性力学理论可知，理想的圆柱形衬套收缩后孔壁依然呈圆柱形状。而实际上，因衬套都开有油槽，以满足工作时的润滑需求，油槽的存在会使衬套壁厚沿圆周发生变化，这将导致衬套收缩程度的变化，且收缩后衬套孔不会再呈圆柱形状。所以，考虑油槽影响的衬套孔径收缩量更为切合实际。

3. 衬套孔径变形分析

将式(5.1)代入式(5.9)中，可得

$$\varepsilon_0 = \frac{\Delta}{\left(\dfrac{d_1}{d} - \dfrac{d}{d_1}\right)}\left[\frac{E_1}{E_2}\left(\frac{d_2^2 + d_1^2}{d_2^2 - d_1^2}\right) + \frac{E_1}{E_2}\mu_2 + \frac{d_1^2 + d^2}{d_1^2 - d^2} - \mu_1\right]^{-1} \tag{5.10}$$

从式(5.10)中可以看到，衬套的孔径收缩与连杆的材料、外径尺寸 d_2 及衬套的材料、外径、内径尺寸及过盈量有关，与衬套的轴向宽度无关。下面对影响孔径收缩的这些参数进行分析。

1) 壁厚对孔径收缩值的影响

在连杆衬套孔径收缩量的分析求解中，假设衬套的材料已知，其配合过盈量一定，衬套的内外径作为变化量。连杆小头孔的尺寸限定了配合中衬套的外径尺寸，那么变化量只有衬套的内径了，因此可以认为是外径一定的衬套壁厚的增加。连杆小头衬套的厚度，对于柴油机一般为 2～3mm，如表 5.3 所示。

表 5.3　过盈量为 0.05mm 的不同壁厚对孔径收缩量的影响

衬套壁厚/mm	2	2.1	2.2	2.4	2.6	2.8	3
衬套孔径收缩量/mm	0.0464	0.0462	0.0460	0.0456	0.0452	0.0448	0.0445

从表 5.3 中可以看到，壁厚对衬套孔径收缩量的影响呈线性规律。本算例的连杆衬套中，当壁厚小于 2.2mm 时，为薄壁衬套，此时壁厚每增加 0.1mm，孔径收缩量减小 0.2μm；当壁厚大于 2.2mm 时，衬套孔径收缩计算按平面应变问题求

解,壁厚每增加 0.1mm,孔径收缩减小 0.15μm。整体来看,衬套外径一定,壁厚越大,衬套内径收缩量越小,即衬套孔径收缩量与壁厚成反比。由于壁厚对衬套孔径收缩量的影响较小,这里不再过多地分析壁厚对孔径的收缩影响。

2) 材料、过盈量对孔径收缩值的影响

若连杆小头的结构尺寸一定,活塞销的结构尺寸一定,即连杆衬套的结构尺寸一定,在满足某一定过盈量的前提下,将衬套的材料特性作为变量进行分析。常用的连杆衬套材料有铜基合金、高锡铝基轴承(AlSn20Cu)合金。通过分析计算,表 5.4 列出了两种材质的连杆衬套的应力应变值。

表 5.4   不同材质连杆衬套的应力应变值

衬套过盈量/mm	锡青铜衬套(QSn7-0.2)		高锡铝基轴承合金(AlSn20Cu)	
	衬套孔径收缩值/mm	接触面过盈压力/MPa	衬套孔径收缩值/mm	接触面过盈压力/MPa
0.03	0.0278	13.277	0.0288	8.877
0.05	0.0464	22.128	0.0480	14.795
0.06	0.0556	26.554	0.0576	17.755
0.08	0.0742	35.406	0.0768	23.673
0.10	0.0927	44.257	0.0961	29.591

由表 5.4 中数据可以看到,当过盈量相同时,材质为高锡铝基轴承合金(AlSn20Cu)的衬套的孔径收缩变形相对较大,两者差值为 1～4μm,证明了材质的选取对衬套孔径收缩量有不可忽略的影响效果。同时,锡青铜衬套与连杆小头孔的接触过盈压力比高锡铝基轴承合金(AlSn20Cu)与连杆小头孔配合的接触过盈压力大。

在发动机工作时,衬套随连杆小头端在较高压力作用下不停运转。在高压工作条件下,随着使用期限的增加,以及周期变化的载荷作用,衬套与连杆小头间会出现微动磨损现象,即衬套与连杆小头发生了周期的相对运动。严重时,连杆与衬套出现大的相对滑动,对发动机的性能产生很大影响。这其中很大一部分原因是过盈压力不足。

从表 5.4 中可以发现,过盈量每增大 0.01mm,衬套孔径收缩量增加 9.3μm,这么大的变形量,对轴承与活塞销的配合间隙,以及形成油膜所需最小油膜厚度有着决定性的影响。

5.2.3   工作状态下的衬套变形分析

在实际工作中,因为工作升温,配合件在径向方向上都会产生热变形,所以必须考虑温度因素的影响[10,11]。温度对连杆衬套的影响主要表现在径向变形上,其中径向膨胀量的计算一般采用传统的热变形计算公式:$\Delta R = \alpha R(T_w - T_0)$,其中 α

为材料的热膨胀系数，T_w 为衬套工作时的温度，T_0 为环境室温，一般取值 20℃，R 为材料的半径，ΔR 为材料的半径热变形量。

以柴油机稳定运转工作时的情况为前提，需要进行一些参数的设定：设 d_{1s} 为厂房温度为 T_{1s} 时，活塞销的外径尺寸；d_{2s} 为厂房温度为 T_{2s} 时，连杆衬套的外径尺寸；D_{2s} 为厂房温度为 T_{2s} 时，连杆衬套的孔径尺寸；D_{3s} 为厂房温度为 T_{3s} 时，连杆小头的孔径尺寸。发动机稳定运转时，活塞销的温度为 T_{1w}，此时外径尺寸值为 d_{1w}；连杆衬套的温度为 T_{2w}，外径尺寸为 d_{2w}，孔径尺寸为 D_{2w}；连杆小头端温度为 T_{3w}，孔径尺寸为 D_{3w}。

1）活塞销外径、连杆衬套内外径和连杆小头孔径的实际尺寸

根据热变形理论，有以下公式成立：

$$d_{1w} = d_{1s} + \Delta d_1 = d_{1s}[1 + (T_{1w} - T_{1s})\alpha_1] \tag{5.11}$$

$$d_{2w} = d_{2s} + \Delta d_2 = d_{2s}[1 + (T_{2w} - T_{2s})\alpha_2] \tag{5.12}$$

$$D_{2w} = D_{2s}[1 + (T_{2w} - T_{2s})\alpha_2] \tag{5.13}$$

$$D_{3w} = D_{3s}[1 + (T_{3w} - T_{3s})\alpha_3] \tag{5.14}$$

式中，α_1、α_2、α_3 分别为活塞销、连杆衬套、连杆的材料线膨胀系数。假设各环境温度相同，即 $T_{1s} = T_{2s} = T_{3s} = T_s = 20℃$，因连杆小头、连杆衬套及活塞销在工作中温度差距不大，故可近似认为在配合处的温度相等，即 $T_{1w} = T_{2w} = T_{3w} = T_w$，其中 T_w 一般在 100～130℃。

2）连杆衬套与连杆小头孔的过盈量

设工作过盈量为 Δ_w，则

$$\Delta_w = |D_{3w} - d_{2w}| \tag{5.15}$$

式（5.15）不适用于常温压配的衬套，因为有一部分过盈量在压配时被刮削掉，实际过盈量比测量的过盈量小，一般粗略估算实际过盈为原过盈的 80%。

将式（5.12）、式（5.14）代入式（5.15）得

$$\Delta_w = |D_{3s}[1 + (T_{3w} - T_{3s})\alpha_3] - d_{2s}[1 + (T_{2w} - T_{2s})\alpha_2]| \tag{5.16}$$

3）连杆衬套孔径收缩量

设孔径收缩量为 ε_w，则由式（5.1）可知，稳定工作中

$$p_w = \frac{\Delta_w}{d_1\left[\dfrac{(d_2^2 + d_1^2)/(d_2^2 - d_1^2) + \mu_2}{E_2} + \dfrac{(d_1^2 + d^2)/(d_1^2 - d^2) - \mu_1}{E_1}\right]} \tag{5.17}$$

则

$$\varepsilon_w = \frac{p_w d_1^2 d}{E_1(d_1^2 - d^2)} \tag{5.18}$$

4）连杆衬套孔与活塞销的间隙

设其间隙为 δ，则

$$\delta = D_{2w} - d_{1w} - \varepsilon_w \tag{5.19}$$

由式（5.19）可知，连杆衬套与活塞销的配合间隙取值是在工作状态下的，即在衬套压配入连杆小头后有一定的孔径收缩的基础上，通过测量孔径值来进行热分析变形计算。而代入压配后的衬套孔径值，无疑是最合理的，对确定配合间隙值十分重要。

5.3　连杆小头-衬套-活塞销三体接触强度分析

5.3.1　连杆小头-衬套过盈配合强度的影响因素分析

在三维多体接触有限元分析中，网格对整体的收敛性有很大影响。针对柴油机连杆小头-衬套-活塞销三体接触进行仿真，在创建接触对的过程中，目标面与接触面的选取尤其重要。此外，还需选取摩擦系数，摩擦系数的存在对配合面间的接触应力影响很小，分析中指定摩擦系数为 0.2。接触刚度选择非对称矩阵，接触刚度对过盈配合的影响是很大的，接触刚度越大，接触压力越大，因此基于理论值的计算分析，接触刚度的处罚系数应合理选取；在分析选取中，穿透容差对过盈配合的影响也很大，穿透容差的变化只是在计算精度上有一个很小的增加，而使计算时间成倍增加是不经济的，故穿透容差选为 0.1 已能给出足够的精度。增大接触刚度处罚系数通常会相应地减小穿透，使接触压力有很大变化。综合考虑以上因素[12]，指定接触刚度的处罚系数为 0.1。对于过盈量的数值，若未加说明，则为 0.05mm。

连杆小头-衬套、衬套-活塞销之间采用面面接触单元，如图 5.4 所示。所受载荷惯性力和气体爆发压力施加在活塞销受力一侧，并呈余弦分布。

图 5.4　连杆小头-衬套-活塞销接触单元

　　连杆小头、衬套设计过程中,影响强度的因素较多,主要有小头内径、衬套壁厚、过盈量、摩擦系数、衬套宽度、小头斜切角度、衬套材料的弹性模量等。为了明确各个因素对衬套强度的影响程度,对连杆衬套过盈配合下的结构强度进行仿真。仿真试验选取小头内径、衬套壁厚、过盈量、摩擦系数、衬套宽度、小头斜切角度、衬套材料的弹性模量等 7 因素列为 3 水平,正交仿真试验中选用加载应力场中衬套的最大等效应力、最大接触压力作为试验评价指标,设计了以下 7 因素 3 水平的 $L_{18}(3^7)$ 正交仿真试验。具体因素及水平如表 5.5 所示。

表 5.5　正交仿真试验的 7 因素 3 水平

因素	小头内径 R_1/mm	摩擦系数 μ	过盈量 δ/mm	衬套壁厚 T/mm	小头斜切角度 TH/(°)	衬套弹性模量 E/GPa	衬套宽度 B/mm
水平	40	0.1	0.05	2	2	90	40
	50	0.15	0.1	2.5	5	110	45
	60	0.2	0.15	3	8	130	50

　　最大等效应力随各因素水平的变化趋势如图 5.5 所示。正交仿真试验结果表明,影响连杆小头-衬套过盈配合强度的主要因素依次为:过盈量、小头内径、衬套弹性模量、摩擦系数。过盈量越大,最大等效应力越大,连杆小头内径越大,最大等效应力越小,且最大等效应力随着衬套弹性模量的增加而增加。

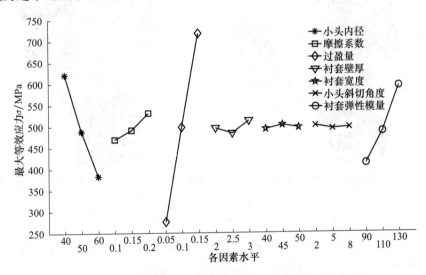

图 5.5　最大等效应力随各因素水平的变化趋势

　　摩擦系数对最大等效应力的影响相对较小,最大等效应力随摩擦系数增大而增大。衬套宽度及连杆小头斜切角度对过盈配合强度的影响甚微。

　　随着衬套壁厚的增大,最大等效应力先减小后增大。与 2mm 和 3mm 厚度相比,壁厚为 2.5mm 的衬套的最大等效应力最小。

5.3.2　怠速工况强度分析

某柴油机连杆衬套相关参数如下:小头内径 28.5mm;小头外径 45mm;小头宽度 50mm;连杆长度 300mm;曲柄半径 80mm;活塞直径 150mm;活塞组质量 5.011kg;标定工况转速 2000r/min;最大转矩工况 1500r/min;怠速工况 800r/min;最大爆发压力 15.9062MPa。相应的连杆、衬套、活塞销力学参数见表 5.6。

表 5.6　连杆、衬套、活塞销力学参数

材料	弹性模量 E/GPa	泊松比 μ	弹性极限 G/MPa	屈服极限 σ_b/MPa
连杆(合金调质钢)	210	0.24	500	900
衬套(QSn7-0.2)	110	0.33	480	580(355)
活塞销(20CrMnTi)	205	0.29	950	1150

第一载荷步分析结果为仅考虑过盈配合产生的预应力,等效应力分布云图如图 5.6 所示。

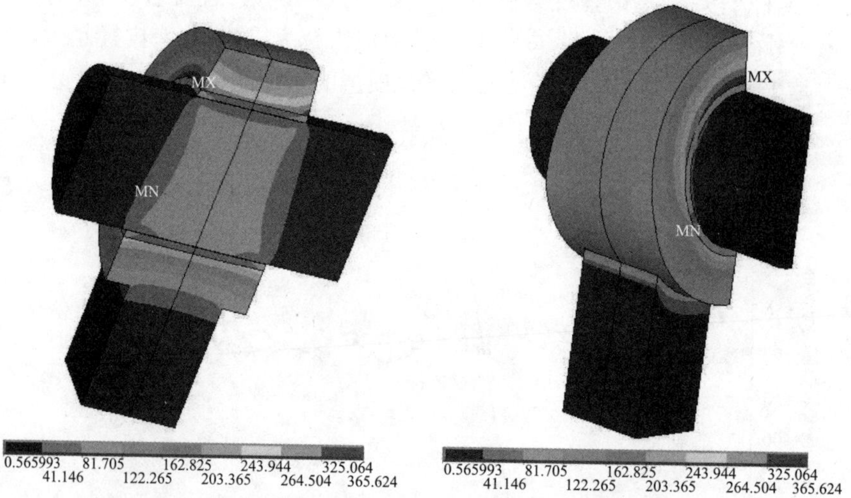

图 5.6　过盈配合等效应力分布云图(单位:MPa)

第二载荷步将第一载荷步分析结果作为边界条件,同时考虑活塞销受力进行分析,等效应力分布云图如图 5.7 所示。图 5.8 为衬套等效应力分布云图。

从上述计算结果可知,连杆小头-衬套-活塞销三体接触在施加惯性力及气体爆发压力后,衬套的最大等效应力出现在靠近连杆一侧的内壁边缘(图 5.8)。当柴油机在膨胀行程的过程时,衬套下部承受着活塞销推动连杆下行和曲轴转动的强大挤压力,并在衬套与活塞销高点接触处产生应力集中。如果该处衬套存在严重的疏松,则将导致连杆衬套萌生裂纹。

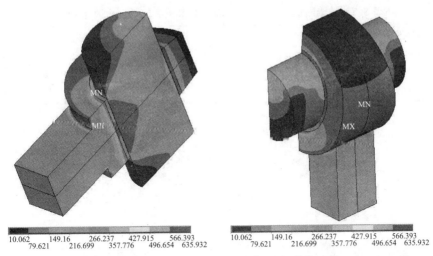

| 10.062 | 149.16 | 266.237 | 427.915 | 566.393 |
| 79.621 | 216.699 | 357.776 | 496.654 | 635.932 |

图 5.7　活塞销受力等效应力分布云图(单位:MPa)

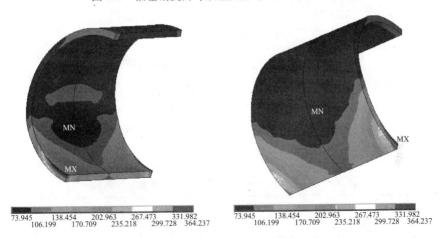

| 73.945 | 138.454 | 202.963 | 267.473 | 331.982 |
| 106.199 | 170.709 | 235.218 | 299.728 | 364.237 |

图 5.8　衬套等效应力分布云图(单位:MPa)
最大爆发压力对应于最大转矩工况

5.3.3　比压与衬套最大等效应力

最大转矩工况(1500r/min)下受最大爆发压力 16MPa,不考虑惯性力,分别计算不同参数下的比压与最大等效应力,以分析衬套宽度 B 对比压及衬套最大等效应力的影响,以及衬套与活塞销配合间隙对衬套最大等效应力的影响。

表 5.7 为 16MPa 最大爆发压力下不同宽度时比压及衬套最大等效应力的计算值。图 5.9 为宽度 B 对比压及衬套最大等效应力的影响。计算结果表明,在相同爆发压力下,随着衬套宽度的增加,比压与衬套最大等效应力降低,两者呈线性关系。增加衬套宽度有利于提高衬套的强度。

表 5.7　某柴油机各工况下的比压与衬套最大等效应力的计算值

衬套宽度 B/mm	44	46	48	50	52
比压 p/MPa	119.00	113.83	109.08	104.70	100.69
加载幅值 PM/MPa	137.41	131.44	125.96	120.92	116.27
最大等效应力 σ_{Vmax}/MPa	231.031	227.144	223.883	221.199	218.994

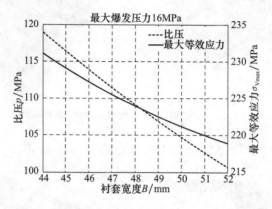

图 5.9　宽度对比压及衬套最大等效应力的影响

　　表 5.8 为 16MPa 最大爆发压力下,其他参数保持不变,活塞销与衬套取不同的配合间隙时最大等效应力的计算值。图 5.10 反映了配合间隙对衬套最大等效应力的影响。结果表明,随着活塞销与衬套配合间隙的增大,受力面积的减小引起衬套最大等效应力的增加,但增加幅度较小。

表 5.8　不同配合间隙时衬套最大等效应力的计算值

配合间隙 ψ/mm	0.05	0.10	0.15	0.20	0.25
最大等效应力 σ_{Vmax}/MPa	219.083	220.147	221.199	222.283	223.256

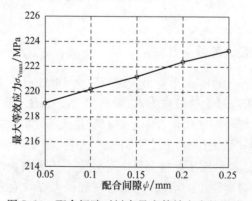

图 5.10　配合间隙对衬套最大等效应力的影响

　　表 5.9 为其他参数保持不变,取不同的最大爆发压力时,比压与衬套最大等效应力的计算值。图 5.11 为比压对衬套最大等效应力的影响。在相同结构下,随着比压的增加,衬套最大等效应力呈线性增大。当最大爆发压力达到 26MPa(比压为 196.5MPa)时,衬套的最大等效应力为 334.86MPa,远小于锡青铜强力旋压连杆衬套的弹性极限 480MPa。

表 5.9　不同比压下衬套最大等效应力的计算值

最大爆发压力 P_q/MPa	16	18	20	22	24	26
比压 p/MPa	104.7	117.8	130.9	144	157.1	170.2
加载幅值 PM/MPa	120.92	136.04	115.15	166.27	181.39	196.50
最大等效应力 $\sigma_{V\max}$/MPa	221.199	242.922	265.114	287.765	310.98	334.86

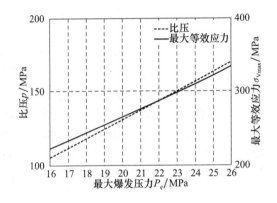

图 5.11　比压对衬套最大等效应力的影响

5.3.4　不同衬套的接触特性分析

1. 整体式锡青铜衬套与双金属衬套应力应变

　　对于卷制的连杆衬套,直缝式的接缝比较简单,自由状态下有一定张开量和轴向错位与径向错位,但是一般都设计在允许量的范围内。安装于连杆小头孔后,由于其可能存在接缝的张开、径向错位、轴向错位等情况,可靠性受到一定程度的考验。

　　相比而下,具有搭扣式接缝的衬套工艺好,更接近于整体式衬套装配的情况,可靠性更高。本算例分析仿真钢背-锡青铜双金属衬套的孔径收缩变形,与整体式衬套进行了相应的对比。双金属衬套节省了贵重的铜材料,耐磨性也得到了满足,其重量也有所降低。其主要考验是在机械载荷、旋转速度及温度条件影响下衬背与衬层的黏结强度能否保证,是否出现脱层,这需要大量的试验来校验。

对于钢背-锡青铜双金属连杆衬套,若衬套厚度为 2mm,则一般选择衬背在 1.3~1.6mm。设衬背的弹性模量 $E_s=2.05\times10^5$MPa,泊松比 $\mu_s=0.26$,热膨胀系数 $\alpha_s=10.7(10^{-6}/℃)$,其屈服极限为 625MPa。

由过盈量为 0.05mm 的双金属衬套与单金属衬套应力应变对比可知 (表 5.10),衬背厚度每增加 0.1mm,孔径的收缩值减小约为 $0.1\mu m$,过盈接触压应力增加 1MPa。因此,衬背厚度对孔径收缩没有太大影响,可以忽略。

表 5.10　过盈量为 0.05mm 的双金属衬套与单金属衬套应力应变

参数 衬套类型	钢背-锡青铜双金属连杆衬套				整体式锡青铜衬套
衬背厚度/mm	1.3	1.4	1.5	1.6	—
孔径收缩量/mm	0.048665	0.048571	0.048474	0.048368	0.04949
过盈接触压应力/MPa	37.258	38.214	39.174	40.131	24.532
衬背外壁周向应力/MPa	455.24	455.30	455.35	455.29	253.46
衬层内壁周向应力/MPa	276.735	276.478	276.194	275.837	276.316

当过盈量一定时,与整体式锡青铜衬套相比,双金属连杆衬套的孔径收缩量相对较小。在要求一定的初始间隙值的情况下,常温压配合中,双金属衬套更不容易使其与活塞销的配合成为过盈配合。由于双金属衬套的衬背材质为低碳钢,连杆小头也是钢件,两种硬材质的物体相接触,其产生的过盈接触压应力更高。这在式(5.1)中也有所体现,即初始过盈一定,结构尺寸一定,则径向压应力值与材料相关。

然而,与整体式锡青铜衬套相比,双金属衬套的外壁周向应力则要高出近 200MPa,在规定的许用应力范围内,通过仿真分析发现,在过盈量为 0.065mm 时,钢背层的周向应力值达到了 631.302MPa,接近衬背材料的屈服极限值,即使用钢背-锡青铜双金属衬套的过盈量的上限为 0.065mm,与整体式锡青铜衬套相比,考虑到加工精度的问题,钢背-锡青铜衬套的加工更为严格。

另外,在分析中还可以看到,双金属衬套的变形沿径向在衬背与衬层的黏合处有明显的转折,如图 5.12 所示的 S 点。这是由两种材质的不同变形状况决定的。在图 5.13 中还可以看到,不考虑边缘应力的影响[13],双金属衬套在接触面上的压应力分布趋于均匀。

2. 圆筒形衬套与梯形衬套变形比较

梯形衬套广泛应用于高压承载的情况下,本算例通过有限元接触分析求解,对整体式圆筒形衬套和梯形衬套的应力应变进行分析比较,结果如表 5.11~表 5.13 所示。

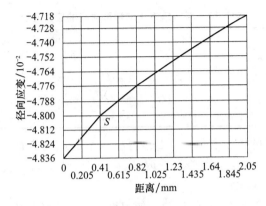

图 5.12　衬背厚度为 1.6mm 时沿径向应变图

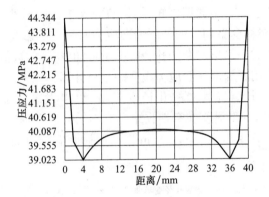

图 5.13　双金属衬套接触面压应力图

表 5.11　整体式圆筒形衬套

过盈量/mm	0.03	0.05	0.06	0.08	0.10
衬套孔径收缩量/mm	0.02967	0.04949	0.05941	0.07925	0.09910
径向过盈压力/MPa	14.513	24.532	29.650	40.107	50.708
衬套外壁周向应力/MPa	151.317	253.46	305.07	408.85	512.64
衬套内壁周向应力/MPa	164.842	276.316	332.701	446.211	559.887

表 5.12　斜切角为 8° 的梯形衬套的应力应变

过盈量/mm	0.03	0.05	0.06	0.08	0.10
衬套孔径收缩量/mm	0.029346	0.049589	0.059229	0.078474	0.098682
径向过盈压力/MPa	14.76	23.366	29.335	38.389	48.532
衬套外壁周向应力/MPa	−138.531	−244.437	−308.327	−408.579	−508.315
衬套内壁周向应力/MPa	−173.102	−270.984	−339.226	−448.027	−556.24

表 5.13　斜切角为 9°的梯形衬套的应力应变

过盈量/mm	0.03	0.05	0.06	0.08	0.10
衬套孔径收缩量/mm	0.029758	0.049537	0.05917	0.079263	0.098609
径向过盈压力/MPa	14.567	23.698	29.738	38.174	48.28
衬套外壁周向应力/MPa	−136.912	−258.057	−308.649	−408.428	−507.793
衬套内壁周向应力/MPa	−175.495	−287.697	343.107	−452.469	−561.268

衬套孔径收缩的仿真值与 5.2.2 节分析求解的理论值有一定的误差,但都保证在微小范围以内,主要是由单元选取、网格划分、结构离散、边界条件等引起的误差。

对于整体式梯形衬套,其斜切角一般根据连杆小头的结构来决定,对不同斜切角的梯形衬套仿真分析结果如表 5.12 和表 5.13 所示。

由表 5.12 和表 5.13 中数据可知,斜切角的大小对衬套整体的孔径收缩量并没有太大影响,而对衬套斜切处的外圆周向应力有一定的影响。比较梯形衬套的孔径收缩量与整体式圆筒形衬套的孔径收缩量可知,两者的数值相差不大,即验证了拉梅公式同样适用于梯形衬套应力应变的分析计算。

比较梯形衬套窄端与宽端的孔径变形量,可以发现其变形有所不同。从图 5.14 中可以看到,梯形衬套在窄端收缩变形不均匀。在轴向相对位置 0~3mm 处,窄端变形比宽端变形大,而在 3mm 以后,衬套宽端变形大于窄端,且比较均匀。

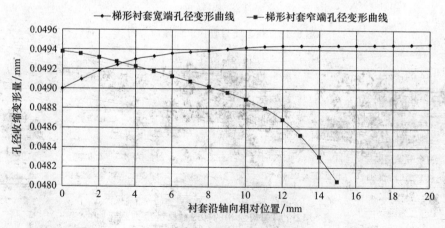

图 5.14　梯形衬套两端孔径变化曲线

由仿真分析的衬套孔径应变云图(图 5.15(a))观察衬套孔径的收缩情况,可以看到,在斜切部位 A 处出现最大变形,其值为 0.050667mm,因此在设计梯形衬套时,应注意该处的变形程度,使其不至于在工作时出现"咬死"情况。

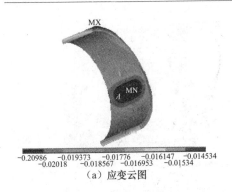

（a）应变云图	（b）应力云图（单位：MPa）

图 5.15　梯形衬套应变、应力分布云图

另外，在对梯形衬套进行相关分析的过程中，出现如图 5.15(b)所示的应力云图，即梯形衬套在斜切处会出现应力集中现象，应力值与最小应力处的差值为150MPa。综合考虑认为，这是由模型建立不恰当所致，主要是斜切面处出现尖角，没有平滑连接。所以，在梯形衬套的斜切处应该注意倒圆角等，以消减应力集中的影响。

5.3.5　油槽对衬套应力应变的仿真分析

对于油槽位置对孔径收缩的影响状况，一些学者已经进行了相关研究工作。本节研究局部周向油槽处于中间位置时，对衬套应力应变的影响。关于油槽的设计，在满足供油量的前提下，槽宽应尽可能窄一些，槽深应显著大于轴承间隙[14]。在连杆衬套的油槽结构设计中，一般按经验要求[15]：油槽的宽度为 $b=(0.02\sim0.07)B$，其中B 为衬套宽度；油槽的深度为 $t'=(0.3\sim0.5)t$，其中 t 为衬套壁厚。

1. 油槽对衬套收缩的影响

带油槽的整体式圆筒形衬套（孔径收缩最大值在油槽处）由于油槽的存在，受过盈压力影响，衬套外壁边缘处出现应力集中现象，如图 5.16 所示。

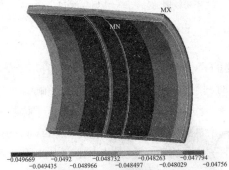
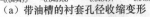

（a）带油槽的衬套孔径收缩变形	（b）不带油槽的衬套孔径收缩变形

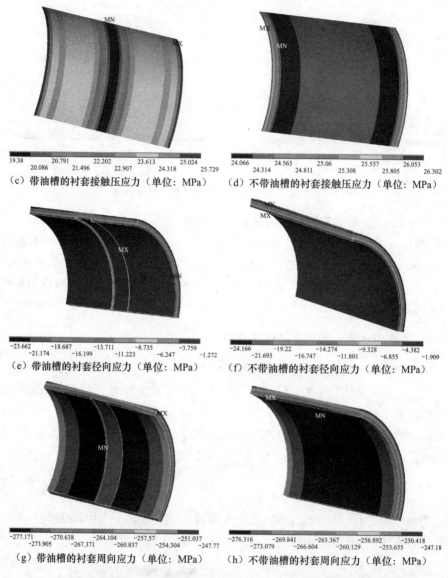

（c）带油槽的衬套接触压力（单位：MPa）　　　（d）不带油槽的衬套接触压力（单位：MPa）

（e）带油槽的衬套径向应力（单位：MPa）　　　（f）不带油槽的衬套径向应力（单位：MPa）

（g）带油槽的衬套周向应力（单位：MPa）　　　（h）不带油槽的衬套周向应力（单位：MPa）

图 5.16　过盈量为 0.05mm 的带油槽衬套与不带油槽衬套的应力应变分析

　　比较图 5.16(a)～(h)，衬套在油槽处的径向应力及周向应力变化值不大，对整体的径向应力及周向应力影响不大，而对衬套的收缩变形有较大的影响。比较图 5.16(a)和(b)可知，由于油槽的影响，衬套孔径最小收缩量的面积范围减小。值得说明的是，理论状态计算下，衬套同一层面上的收缩值应该是一致的，而通过有限元分析，从图 5.16(b)中可以看到，同一层面的收缩量是不同的，为此将面积范围最大的收缩量定为有效取值。

　　图 5.17 为带油槽圆筒衬套 1/2 模型应变的局部放大图，A 为衬套边缘，B 为对称面。图 5.18 为衬套沿径向的变形量。衬套在外缘 A 处孔径收缩量小，衬套接近中间 B 处孔径收缩量大，而且可以看出，同一层面上的变形量从外缘到中间逐渐增加。带油槽的衬套孔径收缩量分析如表 5.14 所示。

图 5.17　带油槽圆筒衬套应变的局部放大图

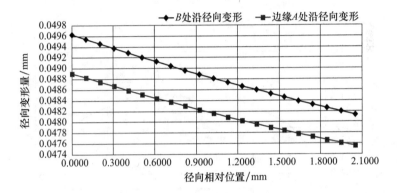

图 5.18　衬套沿径向的变形量

表 5.14　带油槽的衬套孔径收缩量分析

过盈量/mm	0.03	0.05	0.06	0.08	0.10
油槽处孔径收缩量/mm	0.02966	0.04968	0.05932	0.07910	0.09888
边缘处孔径收缩量/mm	0.02940	0.04899	0.05874	0.07827	0.09783
过盈压力/MPa	14.385	24.318	29.508	39.27	49.64

　　运用 ANSYS 后处理器的路径绘制曲线功能，可以清楚地看到衬套孔径收缩量的变化趋势。如图 5.19 和图 5.20 所示，衬套内壁孔径收缩变形成一条平滑的凹形曲线，边缘处变形最小，中心部位变形最大，两者相差只有 0.0006mm，差值很小，对间隙取值的影响不大。

　　比较图 5.19 和图 5.20 可知，油槽的影响使衬套的孔径收缩值在轴向相对位置 12～28mm 范围内有明显的增幅，越靠边缘处，影响越小。即孔径收缩的主要影响区域为油槽附近，该区域相对于活塞销的间隙值有变化，这对于油膜的形成有一定的影响。

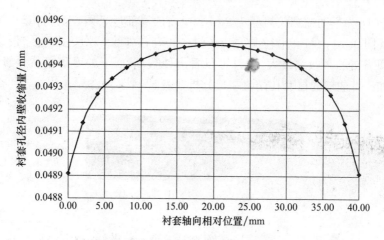

图 5.19　无油槽时衬套孔径收缩变形曲线

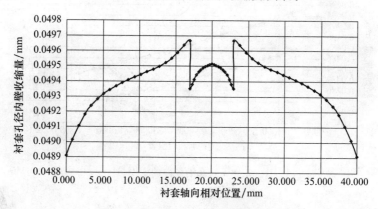

图 5.20　带油槽时衬套孔径收缩变形曲线

2. 油槽结构参数对孔径收缩的影响

1) 油槽宽度对衬套孔径收缩的影响

油槽的宽度与衬套的内径相关,在油槽的相关设计中,满足供油量的前提下,油槽宽度应尽可能窄一些,选油槽宽度为 3mm、4mm、5mm、6mm。表 5.15 列出了过盈量为 0.05mm 时油槽宽度对衬套变形的影响。

表 5.15　不同油槽宽度下衬套变形分析

油槽宽度/mm	孔径收缩量/mm	油槽区域处变形/mm	油槽处最小过盈压力/MPa
3	0.04927	0.04898	21.111
4	0.04940	0.04920	20.018
5	0.04968	0.04942	19.106
6	0.04970	0.04952	18.700

由表 5.15 可知,油槽宽度越大,整个衬套的孔径收缩变形越大,但最大变形量

仅为 0.04970mm。油槽处的变形也随宽度增加而有微量幅度的增加,但该区域的最小过盈压力值有所减小。比较宽度为 4mm 和 6mm 时的径向变形状况来看,油槽越宽,其变化越平缓。

2)油槽深度对孔径收缩的影响

油槽深度影响着衬套中的储油量,在油槽设计中,考虑到衬套的刚度问题,油槽深度最大值一般为衬套壁厚的一半。表 5.16 列出了不同油槽深度下的衬套孔径收缩情况。

表 5.16　不同油槽深度对衬套孔径收缩量的影响

油槽深度/mm	0.4	0.5	0.6	0.7	0.8	0.9	1.0
平均孔径收缩量/mm	0.049669	0.04970	0.04972	0.04976	0.049786	0.049808	0.049826
油槽区域收缩量/mm	0.049515	0.04952	0.04953	0.04954	0.04955	0.049557	0.049565

由表 5.16 可知,油槽深度对衬套孔径收缩量的影响程度不大。当油槽深度为 1.0mm,即槽深占到衬套壁厚的一半时,与不计油槽时的孔径收缩量比较,其收缩程度仅增大了 0.33μm。油槽越深,油槽处收缩程度越小,对油槽附近的孔径内壁收缩程度的影响也就越小,从而使孔径收缩量沿轴向的变化缩小,使整个曲线趋于平滑。

5.4　连杆衬套的热结构耦合分析

5.4.1　热应力模型的建立

在进行热分析时,诸多学者通过研究发现当分析热接触问题时,在加载过程中热效应对压力分布、应变、最大 von Mises 应力等均有较大影响,而且材料的热膨胀系数的变化是影响热应力的一个非常重要的因素。在温度作用条件下,衬套承受的温度载荷属于厚壁圆筒轴对称问题。根据弹性力学与热应力理论,其应力应变关系为

$$\begin{cases} \varepsilon_r = \dfrac{1}{E}[\sigma_r - \mu(\sigma_\theta + \sigma_z)] + \alpha T(r) \\[2mm] \varepsilon_\theta = \dfrac{1}{E}[\sigma_\theta - \mu(\sigma_r + \sigma_z)] + \alpha T(r) \\[2mm] \varepsilon_z = \dfrac{1}{E}[\sigma_z - \mu(\sigma_\theta + \sigma_r)] + \alpha T(r) \end{cases} \tag{5.20}$$

式中,ε_r、ε_θ、ε_z 分别为材料沿径向、切向、轴向的正应变;σ_r、σ_θ、σ_z 分别为材料沿径向、切向、轴向的正应力;μ 为材料的泊松比;E 为材料的弹性模量;α 为热膨胀系数;$T(r)$ 为衬套随时间变化的工作温度与压配温度的差值。

由于发动机工作中很难测得连杆衬套内壁的温度、连杆小头外壁的温度等,一

般认为,整个配合模型在稳定运转时的各表面温度相等。即整个模型是处于某个稳定的温度场下的稳态热变形,模型各节点温度是一致的,无温差的影响。

此时,式(5.20)可变为

$$\begin{cases} \varepsilon_r = \dfrac{1}{E}[\sigma_r - \mu(\sigma_\theta + \sigma_z)] + \alpha\Delta T \\[2mm] \varepsilon_\theta = \dfrac{1}{E}[\sigma_\theta - \mu(\sigma_r + \sigma_z)] + \alpha\Delta T \\[2mm] \varepsilon_z = \dfrac{1}{E}[\sigma_z - \mu(\sigma_\theta + \sigma_r)] + \alpha\Delta T \end{cases} \tag{5.21}$$

柴油机在工作中,温度可达到 $100\sim150\,^\circ\!C$,为了描述连杆衬套配合接触体受到温度载荷的影响,需要引入热接触的概念。热接触实际上是指两个产生接触的物体表面在传递机械载荷的同时,还存在接触表面之间的热量传递和交换。

1. 不计油槽的耦合分析

对于不计油槽特性影响的配合模型的热结构耦合分析,通过参数建模,其分析结果如图 5.21 所示。

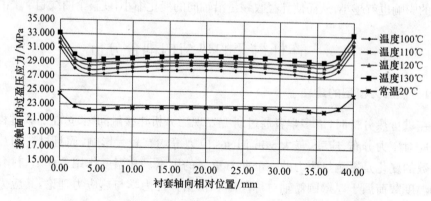

图 5.21　不同工作温度下的接触过盈压力曲线

由图 5.21 可知,在工作温度条件下,接触过盈压力值与常温下相比,有明显的增加。由于分析模型的简化,忽略了边缘倒角、圆角在接触面边缘处的边缘应力集中现象,但并不影响分析结果。温度升高对配合模型过盈压力的影响具有一定的线性增加,除去边缘应力集中的影响,最大过盈压力仍然在中间部位,整个曲线沿轴向变动微小,比较接近理论分析。

图 5.22 为不同温度条件的无油槽衬套孔径收缩曲线。在保持过盈量为0.05mm 不变的情况下,衬套孔径的收缩量随温度升高而减小。在工作温度条件下,衬套孔径收缩有明显的变化。与常温下相比,衬套孔径收缩基本减小了一半左右。通过分析研究可知,衬套孔径收缩减小是由热膨胀及连杆小头孔因与衬套热

膨胀不一致而对衬套产生膨胀约束导致的。

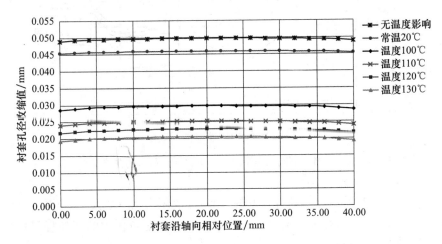

图 5.22　不同温度条件的无油槽衬套孔径收缩曲线

2. 计油槽影响的耦合分析

在热接触分析中,由于油槽的影响,接触面的压应力必然有所影响。图 5.23 为温度在 110℃时,过盈量为 0.05mm 的接触面过盈压力沿轴向的分布曲线。油槽的存在导致过盈压力在轴向坐标位置为 20mm 处有最小极值出现,而在边缘处同样有明显的边缘应力集中现象出现。

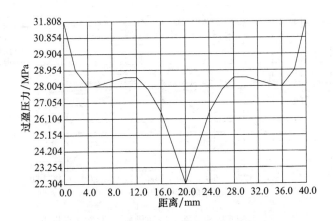

图 5.23　接触过盈压力沿轴向分布曲线

通过参数化建模分析,分别对稳态温度值为 20℃、100℃、110℃、120℃、130℃ 时的接触过盈压力的变化趋势进行仿真。图 5.24 根据相关数据拟合出相应曲线。

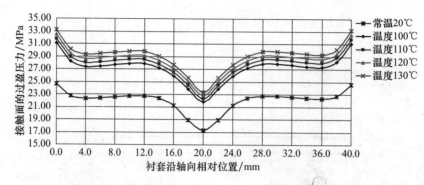

图 5.24　不同工作温度条件下接触过盈压力曲线

从图 5.24 中可以看到,随着温度的升高,过盈压力相应增大,工作温度条件下的增值幅度不大,但与常温情况相比有明显的增加。过盈压力的增加将对衬套的变形情况有很大影响。

由温度在 20℃时和 110℃时的衬套孔径收缩应变云图中可知,随着温度的升高,油槽处的收缩量变得平滑了许多。图 5.25 为不同温度条件下带油槽衬套孔径收缩曲线。通过拟合不同温度条件下衬套的热结构耦合分析结果曲线可以定量地看到,因为温度的影响,油槽处的收缩值没有出现类似不考虑温度条件下出现极值的情况,整个油槽内的收缩变化比较平缓,应变的跳动量不大。在其他的内表面处,衬套孔径收缩量沿轴向变化微小。

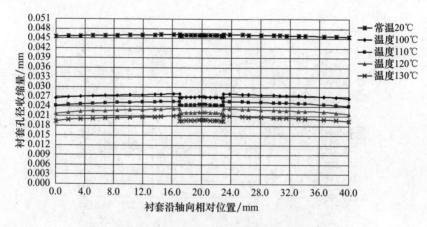

图 5.25　不同温度条件下带油槽衬套孔径收缩曲线

5.4.2　两种材质连杆衬套随温度变化的应力应变分析

上述的相关分析研究中,考虑了常用的锡青铜连杆衬套的应力应变情况,对于另一种材质的连杆衬套应力应变趋势,本节将通过替换相关参数设置进行耦合分析,并进行对比。两种材质的材料特性如表 5.17 所示,仿真分析的相关数据结果如表 5.18 所示。

表 5.17　两种常用连杆衬套的材质比较

类型	热膨胀系数/(10⁻⁶/℃)	弹性模量/Pa	泊松比	密度/(kg/m³)	热导率/(W/(m·K))
锡青铜(QSn7-0.2)	18	1.1×10^{11}	0.33	8.85×10^3	67
高锡铝基(AlSn20Cu)	23	0.71×10^{11}	0.33	2.8×10^3	190

表 5.18　不同材质连杆衬套随温度变化的应力应变

温度/℃	锡青铜衬套(QSn7-0.2)		高锡铝基衬套(AlSn20Cu)	
	衬套孔径收缩/mm	接触面最大过盈压力/MPa	衬套孔径收缩/mm	接触面最大过盈压力/MPa
未考虑温度	0.04640	22.128	0.0480	14.795
20	0.04592	22.739	0.04757	15.214
100	0.02970	28.061	0.02997	21.509
110	0.02518	28.716	0.02776	22.275
120	0.02287	29.365	0.02555	23.039
130	0.02056	30.012	0.02334	23.799

由表 5.18 中数据可知,常温压配下连杆衬套受径向压应力作用,其收缩变形较大,且高锡铝基衬套(AlSn20Cu)孔径收缩量大于锡青铜衬套的孔径收缩量。工作温度下,由于热膨胀作用,连杆衬套收缩变形量整体变小,其中高锡铝基衬套(AlSn20Cu)收缩变形均匀,在随温度的变化中,温度每升高 1℃,孔径收缩减小 $0.221\mu m$;锡青铜衬套在 100～110℃时,每升高 1℃,孔径收缩减小 $0.452\mu m$,而在 110～130℃时,每升高每升高 1℃,孔径收缩减小 $0.231\mu m$。另外,由于高锡铝基衬套(AlSn20Cu)热膨胀系数大,材质较软,受温度影响较大,在同温度条件下,其收缩值较大。例如,在温度为 130℃时,其孔径收缩比锡青铜衬套大 $2.78\mu m$。

通过比较分析还发现,两种材质的衬套沿轴向的过盈压力分布有所不同,如图 5.26 所示。高锡铝基(AlSn20Cu)连杆衬套沿轴向分布应力差值较小,锡青铜衬套过盈压应力分布为平滑曲线,但是区域差值较大,即不均匀分布。

连杆衬套的装配温度与其工作温度的差异,以及在不同工况时工作环境温度的差别是相当大的,而其工作的可靠性与低噪声等的要求,需要设计选取的间隙变化尽量小。在比较分析两种材质衬套工作温度下的孔径收缩变形来看,相同过盈量下,锡青铜衬套过盈压力大,孔径收缩相对较小,能较好地满足间隙要求。

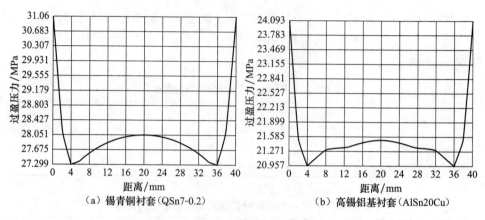

（a）锡青铜衬套（QSn7-0.2）　　　　　　　　（b）高锡铝基衬套（AlSn20Cu）

图 5.26　温度 100℃时两种衬套沿轴向过盈压力分布曲线

5.5　小　　结

　　本章基于弹性变形和热变形理论，分析了影响衬套孔径收缩的主要因素；应用有限元数值分析手段，针对某型号连杆衬套，进行了连杆小头-衬套-活塞销三体接触强度分析；对比分析了钢背-锡青铜双金属衬套、强力旋压锡青铜衬套的孔径收缩差别，以及圆筒形衬套与梯形衬套孔径收缩最大值可能出现的区域。

　　考虑油槽特性对衬套变形的影响，针对计油槽的连杆衬套配合件和不计油槽的衬套配合件，从油槽宽度、相对深度对变形进行分析研究，发现衬套的油槽宽度、相对深度对衬套整体孔径收缩程度影响微小，但对衬套内的储油量及润滑情况的影响不容忽视。通过热接触分析，研究了稳态工作温度条件下的连杆衬套孔径收缩情况。分析结果表明，考虑工作温度时带油槽的连杆衬套在油槽处的变形更为均匀；锡青铜衬套比高锡铝基衬套（AlSn20Cu）在工作条件下具有更好的稳定性。

参 考 文 献

[1]　陆际清，沈祖京，等. 汽车发动机设计[M]. 2 版. 北京：清华大学出版社，1992.

[2]　刘智勇. 按弹性力学理论计算冷装衬套收缩量[J]. 机械设计与制造，2002：62-67.

[3]　郭建峰，杨杰，刘新民. 煤矿大型滑动轴承刮研实践[J]. 中州煤炭，2010，(1)：57-58.

[4]　吴兆汉，汪长民. 内燃机设计[M]. 北京：北京理工大学出版社，1990.

[5]　许德明，吉桂英. 连杆衬套烧研、转套机理分析与应用[J]. 煤炭科学技术，2001，29(12)：4-6.

[6]　Zhao J S，Ma C C，Yu L G. Finite element analysis on crack front's SIF in a turbocharger impeller[J]. Journal of Beijing Institute of Technology，2006，15(S1)：69-73.

［7］　Antoni N，Gaisne F. Analytical modeling for static stress analysis of pin-loaded lugs with bush fitting［J］. Applied Mathematical Modelling，2011，35：1-21.

［8］　赵俊生，马朝臣，吴涛. 基于子模型与网格随移技术的叶轮三维裂纹应力强度因子分析［J］. 机械科学与技术，2011，30（1）：66-70.

［9］　罗哉，费业泰，苗恩铭. 稳态温度场中孔形零件受热变形研究［J］. 材料热处理学报，2004，（2）：25-27.

［10］　徐辅仁. 对汽车柴油机稳定运转时连杆小头衬套孔与销间隙的研究［J］. 传动技术，1990，（3）：35-41.

［11］　黄新忠，赵俊生. 压气机叶轮过盈配合研究及合理过盈量的确定［J］. 机械设计与制造，2012，（4）：24-26.

［12］　范校尉，樊文欣，冯垣洁. 基于有限元的连杆衬套过盈分析求解［J］. 轴承，2010，（11）：3-7.

［13］　王贤刚，孙美丽，夏成勇. 径向滑动轴承过盈装配变形的研究［J］. 润滑与密封，2008，33（4）：59-62.

［14］　机械设计手册编委会. 机械设计手册——滑动轴承［M］. 北京：机械工业出版社，2007.

［15］　柴油机设计手册编辑委员会. 柴油机设计手册（上）［M］. 北京：中国农业机械出版社，1984.

第6章 连杆衬套过盈配合微动特性分析

6.1 引 言

自 1911 年 Eden 首次报道微动这一现象以来,英国、法国、美国、日本和加拿大代表了当今微动摩擦学的最高研究水平,在近年来的发展极为迅速[1~6]。

(1) 在基础研究方面,从简单的工业微动破坏现象观察、单一试验参数影响、平移微动模式,分别走向破坏机理试验分析、综合机械材料参数(如位移、压力、频率、往复次数、材料组织结构、力学性能等)影响、复合微动模式(如径向、滚动、扭动、冲击等模式)的微动特性的研究。

(2) 针对多体接触下的微动摩擦学分析不再局限于 Hertz 弹性接触理论,借助于大型计算机、弹塑性力学、断裂力学、有限元法、能量分析(包括热力学)等研究手段模拟微动的运行和破坏过程已成为微动摩擦学的理论研究的重要特征。

(3) 在新材料、环境影响、防护措施、工业应用等方面也取得了重要的研究成果。同时,针对机械结构紧缩接触配合的零部件,考虑微动损伤进行设计、失效分析、寿命预估[7~11]。

国内对微动损伤的基础研究起步较晚,主要针对切向微动、径向微动、滚动微动和扭动微动四种基本的微动运行模式进行研究[12~16]。尽管复合微动模式在工程领域中大量存在,但文献报道的大部分研究工作都集中在切向(平移式)微动,关于多种基本微动模式的复合微动研究还少有报道[17,18],研究对象大多局限于对试件的微动试验研究。也有学者开展了切向/径向复合微动磨损研究[19],但目前绝大多数研究都集中在切向微动模式。主要原因在于大量的应力场都依赖于 Hertz 或 Mindlin 解析解,它们只适合于求解平移式微动问题,而对于其他三种微动模式至今还没有相应的应力解析表达式。工程实际中还存在复合型的微动形式,涉及多体接触问题的求解更加复杂,虽然有关多体接触问题的数值仿真趋于成熟[20,21],但是与微动有关的研究报道较少,而且针对复杂零部件的多体接触计算,没有兼顾计算效率和准确性的统一。

连杆是内燃机中重要的传动零件之一,其作用是连接活塞与曲轴,将作用在活塞上的力传给曲轴,使活塞的往复运动转变为曲轴的旋转运动,对外输出做功。在工作过程中,连杆同时承受着活塞传来的气体压力、往复惯性力和它本身摆动时所产生的惯性力作用[22]，机械负荷严重，工作条件恶劣。因此，连杆的可靠性一直是人们在发动机研究和改进过程中关注的热点问题。

连杆衬套通常是以过盈配合的方式紧固在连杆小头上。由于连杆小头和衬套的材料特性的不同，其接触面在承受相同的接触压力时会产生不同程度的变形，导致两接触体在接触面上相互错动引发微动。由于连杆衬套承受的是呈周期变化的活塞销传递的交变载荷，其过盈配合的接触面会出现不断变化的微动幅值，进而产生变化的微动接触区。微动不但会引起微动磨损，还会引起微动疲劳，进而使衬套萌生裂纹或者产生过度磨损，最终导致衬套过盈量的不足。过盈量个足易使衬套在连杆小头内松动，导致发动机在运转的过程中连杆与活塞运动不一致，使发动机的噪声加大，传递效率严重下降，功率也随之下降。如果衬套转动幅度较大，堵塞了油孔，将会导致衬套和小头间无法供油，进行干摩擦。这样，衬套会很快磨损坏，有时由于供油不足，衬套和活塞销抱死可引起连杆断裂。因此，研究连杆和衬套之间的微动特性对提高连杆衬套的使用寿命具有重要的工程实用价值。

影响微动的主要因素很多，包括振幅、载荷、频率、循环次数、试样几何形状、温度、湿度和材料特性等[23]。这些因素不是简单的叠加，而是相互影响。在循环交变载荷的作用下，结构件接触面间会产生变化的黏着-滑移接触区。接触面间的应力应变状态也会随之不断变化，这与交变疲劳载荷的作用非常相似。即在微动的过程中，接触面间的摩擦系数、摩擦应力、接触区域和接触应力一直处于不断变化中。由于在模拟分析的过程中很难将所有因素都同时考虑进去，通常固定某一参量而看其他参量的变化，然后调整该参量的数值，进而通过多次的模拟分析，找出该参量对该微动磨损的影响特性曲线。

迄今为止，对微动的研究大多是以试验的方式进行的，定性地通过试验来探究材料微动特性，从而应用到工程实际中，但针对工程实践中多体接触下的复合微动损伤机理研究等问题，相关文献中很少。由于试验存在一定的局限性，很难实现一些实际工况下受力较复杂或者位置较特别的接触区域，有限元法的应用可以很好地解决这一问题[24]。

本章结合连杆小头和衬套实际工况对其接触过程进行数值有限元模拟分析，利用接触力学理论和有限元方法，定量地分析连杆摆角、衬套过盈量和摩擦系数对衬套微动的主要关键参数包括微动幅值、接触压力、摩擦应力、摩擦功等的影响；进而通过分析得出连杆衬套的微动特性规律，为提出减缓微动磨损的措施提供理论依据。

6.2　连杆衬套过盈配合有限元分析

6.2.1　连杆衬套有限元建模

以某型发动机的连杆小头为研究对象，连杆小头的实体结构如图 6.1 所示。

该结构包括三部分:连杆小头、衬套和活塞销。其中,连杆小头的内径为 28.5mm,外径为 45mm,轴向长度为 50mm;衬套的内径为 26.05mm,外径为 28.55mm;在连杆小头和衬套有 8°的斜切角;活塞销的外径为 25.9mm,内径为 12.95mm,长度为 100mm。由于模型和所受外载荷的对称性,取 1/2 连杆小头、衬套和活塞销建立模型。由于主要研究连杆小头和衬套接触面间的微动特性,在建模时只取连杆的上半部分,而且对杆身进行简化。根据圣维南原理,这并不影响分析结果。

　　分析时选取 Solid186 单元对实体结构进行网格划分。此单元有 20 个节点,每个节点有 3 个平移自由度分别沿着 X、Y、Z 方向;可以支持分析弹性、塑性、各向异性、蠕变、超弹性、应力钢化、大应变和大变形问题。接触目标面单元为 Contact170单元,接触面单元为 Contact174 单元。该连杆的材料为中碳钢,其弹性模量 $E=210GPa$,泊松比 $\mu=0.3$;衬套的弹性模量 $E=110GPa$,泊松比 $\mu=0.3$;活塞销的弹性模量 $E=205GPa$,泊松比 $\mu=0.3$。采用扫掠的方式对实体进行网格划分,将实体全部离散为六面体单元。为了更好地保证接触算法的准确模拟,连杆小头和衬套以及衬套和活塞销相互接触面上的节点都一一对应。实体共划分了 34800 个单元,126290 个节点。结构的有限元模型如图 6.2 所示。

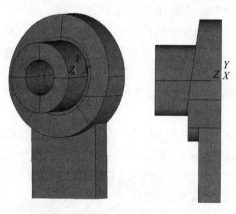

图 6.1　连杆衬套几何模型　　　　　　图 6.2　结构的有限元模型

6.2.2　边界条件的处理

　　由活塞销的受力分析理论可知,在发动机运行的过程中,活塞销传递的载荷大小在不断变化,连杆小头受到活塞销传递的交变载荷的影响,并且其接触位置随着连杆的摆动在一直变化。由于在有限元动态分析中很难定义动态的边界条件,为了简化计算,根据达朗贝尔原理采用静态载荷工况中应力与变形关系来表征实际工况下某一时刻的应力与变形,进而分析连杆和衬套的微动特性。因此,在模型对称面上施加对称约束,在连杆的端面施加全约束。

　　实际工作时连杆沿着活塞销左右摆动,为了计算方便,计算时固定连杆使活塞销左右摆动。柴油机的额定转速 $n=2200\text{r/min}$，在最大爆发压力位置时，转速为 1500r/min。由气缸压力曲线得其最大爆发压力位于做功冲程上止点过后 $8°$ 左右，此时气缸内气体的绝对压力为 15.7MPa，活塞背压取为 0.1MPa。曲柄连杆比为 $4/15$，活塞组件质量为 5.011kg，连杆小头的集中质量为 1.862kg。根据柴油机爆发压力曲线，将连杆小头组件各个参数代入理论计算公式，通过计算可得在该工况下活塞销所受的载荷随连杆摆角的变化如图 6.3 所示。

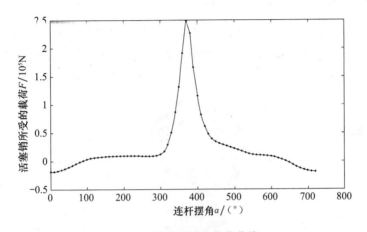

图 6.3　活塞销受力载荷曲线

由图 6.3 可知，在最大爆压附近的受力要远大于其他摆角处的值。在过盈配合的微动过程中接触面的摩擦力和切向力起主导作用，而摩擦力又与接触压力有直接的关系，所以爆压附近的工况能很好地显示连杆衬套的微动特性。选取连杆摆角分别为 $0°$、$5°$、$10°$ 和 $15°$ 时对模型进行计算分析。相对应的载荷工况如表 6.1 所示。根据相关文献，选取 $120°$ 余弦加载来模拟活塞销的实际受力。同时，为了得到连杆摆角、过盈量和摩擦系数对实体接触微动特性的影响，选取四个过盈量（0.05mm、0.06mm、0.07mm 和 0.08mm）和三个摩擦系数（0.1、0.2 和 0.3）分别进行计算分析。在载荷一定的情况下，通过调整衬套的过盈量和接触摩擦系数来分析过盈量和摩擦系数对连杆和衬套接触面上的接触压力、滑移幅值和摩擦剪应力等微动特性主要参数的影响规律，进而得出过盈量和摩擦系数对于微动特性的影响。

表 6.1　选取的载荷工况表

连杆摆角 $\beta/(°)$	0	5	10	15
曲柄摆角 $\alpha/(°)$	370	380	400	450
活塞销载荷 F/N	2.48×10^5	2.3×10^5	1.2×10^5	0.33×10^5

为了区分过盈量和载荷分别对连杆小头和衬套之间接触面微动特性的影响，

采用分步计算。第一载荷步只计算过盈配合的接触过程,其中接触刚度系数设为1,容差设为 0.1。连杆和衬套接触对的摩擦系数为 0.3,在考虑摩擦系数对微动的影响时,再调整摩擦系数。第二载荷步计算在过盈装配后加载对接触面的微动特性影响。考虑实际工况下油膜的存在,活塞销和衬套间的摩擦系数很低,取衬套和活塞销的摩擦系数为 0.1。

6.2.3　连杆和衬套有限元计算结果

爆压时刻是连杆小头组件最危险的时刻,此时连杆和衬套的等效应力最大。当摩擦系数为 0.3、过盈量为 0.05mm 时,通过第二载荷步计算后可得在最大爆压处连杆小头的等效应力如图 6.4 所示。衬套的等效应力如图 6.5 所示。

图 6.4　过盈量为 0.05mm 时连杆的等效应力(单位:MPa)

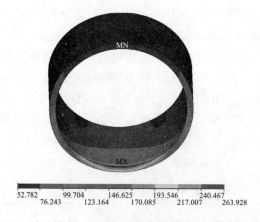

图 6.5　过盈量为 0.05mm 时衬套的等效应力(单位:MPa)

从图 6.4 中可以看出,连杆小头的外部等效应力小于内表面处的等效应力。对于整个连杆小头,在爆压时刻连杆小头内表面上下承压区处的等效应力较大,下面的等效应力要大于上面的等效应力,内表面两侧的等效应力较小。在爆压时刻,连杆小头的最大等效应力为 452.25MPa,发生在连杆小头内表面下部边沿处,连杆小头多采用材料 40Cr 合金钢,该材料的屈服极限为 780MPa。此时,连杆的最大等效应力小于连杆材料的屈服极限,满足应力要求。

同样,衬套外表面的等效应力要小于内表面的等效应力。在内表面,衬套的等效应力在下部承压区处较大,也是在边沿处最大,沿衬套轴线向内逐渐减小。在衬套的上部,应力变化不明显,等效应力相对较小。衬套的最大等效应力为 263.93MPa,发生在连杆小头内表面下部边沿处,衬套的材料多采用锡青铜,该材料的屈服极限为 560MPa。衬套的最大等效应力也小于衬套材料的屈服极限,满足应力要求。

连杆和衬套等效应力在边沿最大,沿着轴线向内呈减小的趋势,这主要是因为活塞销在加载后发生了小幅度的弯曲,导致在衬套边沿传递的接触压力最大。同时,也因为过盈配合时,边沿效应的作用,边沿的接触压力要比内部的接触压力稍大。大的接触压力导致较大的等效应力。

为了分析不同过盈量下连杆和衬套的应力变化规律,当摩擦系数仍然为 0.3 时,调整衬套的过盈量为 0.06mm、0.07mm 和 0.08mm,其他条件不变。经计算得到爆压时刻对应不同过盈量下的连杆和衬套的等效应力,如图 6.6~图 6.11 所示。

通过与衬套过盈量为 0.05mm 时的分析结果对比可知,对于不同的过盈量,连杆小头在爆压时刻具有相同的应力应变分布规律。增大过盈量并不能改变连杆小头整体应力应变规律,只是增大了应力应变的幅值。通过计算得到不同过盈量下连杆和衬套的最大等效应力如表 6.2 所示,连杆和衬套的最大等效应力随过盈量的变化如图 6.12 所示。

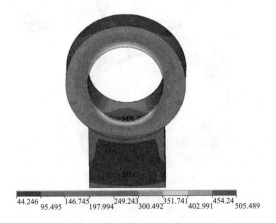

44.246　146.745　249.243　351.741　454.24
　95.495　197.994　300.492　402.991　505.489

图 6.6　过盈量为 0.06mm 时连杆的等效应力(单位:MPa)

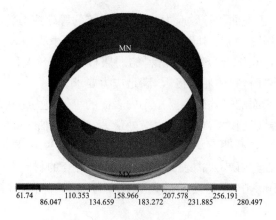

61.74　　110.353　　158.966　　207.578　　256.191
　　86.047　　134.659　　183.272　　231.885　　280.497

图 6.7　过盈量为 0.06mm 时衬套的等效应力(单位：MPa)

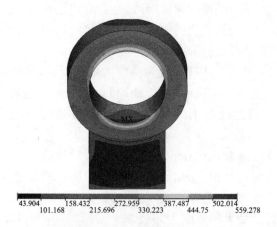

43.904　　158.432　　272.959　　387.487　　502.014
　　101.168　　215.696　　330.223　　444.75　　559.278

图 6.8　过盈量为 0.07mm 时连杆的等效应力(单位：MPa)

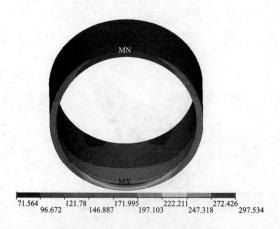

71.564　　121.78　　171.995　　222.211　　272.426
　　96.672　　146.887　　197.103　　247.318　　297.534

图 6.9　过盈量为 0.07mm 时衬套的等效应力(单位：MPa)

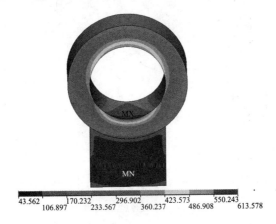

图 6.10　过盈量为 0.08mm 时连杆的等效应力(单位:MPa)

图 6.11　过盈量为 0.08mm 时衬套的等效应力(单位:MPa)

表 6.2　不同过盈量下连杆和衬套的最大等效应力

衬套的过盈量/mm	连杆最大等效应力/MPa	衬套最大等效应力/MPa
0.05	452.25	263.93
0.06	505.49	280.50
0.07	559.28	297.53
0.08	613.58	314.64

　　由图 6.12 可知,随着过盈量的增大,连杆小头和衬套的最大等效应力随着过盈量的增大呈线性增大的趋势。连杆最大等效应力增大的趋势大于衬套最大等效应力增大的趋势。当过盈量为 0.08mm 时,连杆的等效应力为 613.58MPa,衬套的等效应力为 314.64MPa。在实际的发动机的运行环境中,工作温度一般为 150℃左右。锡青铜的热膨胀系数大于 40Cr 合金钢的热膨胀系数,必然会导致

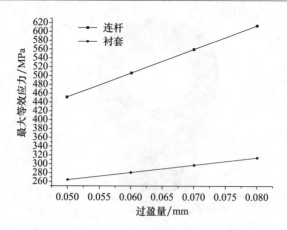

图 6.12　连杆和衬套的最大等效应力随过盈量的变化

衬套过盈量的增加。所以,实际连杆和衬套工作时的等效应力要大于计算的等效应力。此时,连杆小头等效应力已快接近屈服极限 780MPa。所以,过盈量为 0.08mm 时,考虑到一定的安全系数,连杆勉强满足强度要求。因此,对于衬套过盈量的选取最好不要超过 0.08mm,这更符合实际的工作要求。

6.3　爆压时刻衬套的微动特性

本节从连杆和衬套的变形中可以分析它们之间的微动情况。由于连杆和衬套的材料不同,其接触面上承受相同的接触压力和切向力时变形值各有不同,这就产生接触面之间的微小错动,以上即产生微动的原因。静力接触分析可以得到两实体接触面间的错动位移值,即最大滑移幅值。在周期载荷的作用下,通过载荷的加卸载,两接触面之间会近似地以这个位移幅值进行周期的微动滑移。在非线性分析中,系统的应力应变是一个不可逆的过程,力的加载顺序会影响实体的应力应变,而且在卸载力后,系统也不可能完全恢复未加载前的状态,同时还存在一定的应力应变滞后性。但是,卸载后系统还是会向未加载时的系统恢复。因此,通过有限元分析,加载后的滑移距离依然可以代表两表面间的滑移幅值规律。静力接触分析中,滑移幅值最大的位置在实际的工况下仍然是微动幅值最大的位置。只是实际的滑移幅值会比模拟的略小。在周期力的作用下,两表面会近似地以模拟的幅值进行周期的微动滑移。

采用分载荷步计算,第一载荷步(计算过盈装配)和第二载荷步(计算加载爆压载荷和惯性载荷)都会产生滑移距离[25]。在 ANSYS 计算的过程中,两接触面间的滑移距离解是一个随着载荷步不断累加的结果。因此,第二载荷步的滑移距离包括了第一载荷步所产生的滑移距离。但第一载荷步所产生的滑移距离只是由于装配时接触面间的相互错动产生的,在实际的工作中,这个幅值是静止的,不会产生周期性的相互滑动。所以,从第二载荷步中的滑移距离幅值减去第一载荷步的滑移距离幅值才是实际的滑移距离幅值。由于力的作用不同,第一和第二载荷步滑移距离的方向不同,两者是矢量,所以不能直接数值相减。

根据前面的径向微动接触理论可知,微动磨损产生的主要原因是接触面间摩擦功的作用。摩擦应力是沿着接触面切向的,所以微动磨损的微动滑移距离为接触面间的切向滑移位移和轴向滑移位移的矢量和。沿径向的位移差和摩擦应力一直都是相互垂直的,并不会产生摩擦功。所以,径向位移差是不包含在滑移距离考察范围内的。

由以上分析可知,只要找到连杆小头和衬套接触面间切向微动幅值规律和轴向微动幅值规律,即可完整表示连杆和衬套微动滑移距离的规律。对切向微动幅值和轴向微动幅值的平方和开方即得实际滑移距离的幅值,方向和切向微动幅值与轴向微动幅值的大小有关。由于第二载荷步的滑移距离包括了第一载荷步所产生的滑移距离,所以只能分别计算第一和第二载荷步各自产生的切向滑移距离幅值和轴向滑移幅值。因为第一和第二载荷步对应的切向滑移距离幅值和轴向滑移幅值都在同一条直线上,所以两者可以相互加减,方向和两者的数值有关。用第二载荷步减去第一载荷步相对应的切向滑移距离幅值和轴向滑移幅值,即为模拟过程中的切向滑移距离幅值和轴向滑移幅值的真实解。真实的切向滑移距离幅值规律和轴向滑移幅值规律也代表了实际模拟过程中滑移距离幅值的规律。实际滑移距离的方向和最终的切向滑移距离幅值与轴向滑移幅值的大小有关。

6.3.1 爆压时刻衬套的接触压力和摩擦应力规律

通过有限元的计算,当过盈量为 0.05mm、摩擦系数为 0.3 时,爆压时刻连杆和衬套接触时的接触压力和摩擦应力如图 6.13 和图 6.14 所示。

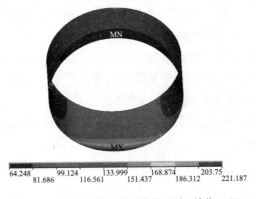

| 64.248 | | 99.124 | | 133.999 | | 168.874 | | 203.75 |
| | 81.686 | | 116.561 | | 151.437 | | 186.312 | | 221.187 |

图 6.13 爆压时刻衬套的接触压力(单位:MPa)

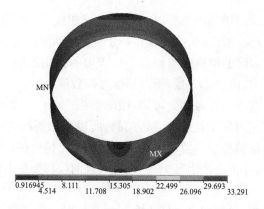

图 6.14　爆压时刻衬套的摩擦应力(单位:MPa)

从接触压力的云图可以看出,衬套外表面下部承压区边沿处的接触压力最大,沿衬套轴线由外向内逐渐减小。衬套外表面上部边沿处接触压力较小,沿轴线由外向内反而增大。这是因为内部由于活塞销在两端承受活塞爆压载荷时发生弯曲,导致活塞销中间部位和衬套上部有一定的接触,在承压区边沿最大接触压力为221.187MPa。

由摩擦应力的云图可以看出,除了衬套下部承压区中线附近,衬套摩擦应力整体呈边沿较大向内逐渐减小的趋势。在衬套下部承压区,摩擦应力沿边沿向内先增大后减小。这主要是因为边沿处的接触压力太大,能提供的静摩擦应力较大,衬套的运动趋势比较小。沿轴向内接触压力不断减小,所以运动趋势要略大,摩擦应力会有所增大。而在衬套最里面的对称面处,由于对称的作用以及接触压力相对边沿较小,此处的运动趋势也不明显,摩擦应力也较小。摩擦应力在衬套外表面下部承压区中线处比较小,承压区两侧边沿处最大,而衬套两侧的摩擦应力则较小。这是因为在衬套下半部分承受的接触压力较大,对应的最大静摩擦力也最大,同时承受的载荷为对称载荷。结合径向微动理论分析可知,在此处连杆和衬套接触面间很难有滑动趋势,所以对应的摩擦应力也较小。而沿着承压区向外,由弹性接触理论可知,接触压力呈逐渐减小的趋势,对应的能提供的最大静摩擦力也在不断减小。连杆和衬套接触面间会更容易有滑动的趋势,所产生的摩擦应力也最大,而在两个侧面的摩擦应力较小。从接触压力云图上可清晰看出,在两侧的材料变形严重,导致两侧的接触压力较小,所能提供的摩擦应力也较小。边沿效应使得边沿处的接触压力都较内部大,所以产生的摩擦应力也比内部的大。最大摩擦应力发生在爆压时刻承压区两侧边沿的位置,其值为 33.291MPa。

6.3.2　滑移距离的提取

在有限元的分析中,两实体的接触是用接触单元进行模拟的。接触单元附着在实体接触面单元上,即与实体接触面上的单元在同一个位置。接触单元最终是以点对的形式建立两实体的接触关系,所以只要把两实体相对应的接触点对的切向和轴向位移分别列举出来,然后相减,即可得到不同载荷步时的切向和轴向的相对位移,即切向滑移距离幅值和轴向滑移幅值[26]。在衬套左侧中间区域,建立以轴向长度为 X 轴,衬套外表面周长为 Y 轴,微动幅值为 Z 轴的坐标系统,如图 6.15所示。在该坐标系统下分别取出衬套外表面和连杆内表面上相对应点对的周向和轴向的位移,然后对应相减,即可得到衬套和连杆的切向和轴向微动幅值。通过上述方法,分别得到第一和第二载荷步的切向和轴向微动滑移幅值,再对应相减,即可得到真实的连杆和衬套微动滑移幅值。

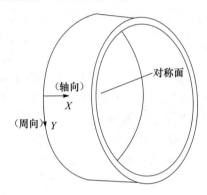

图 6.15　衬套外表面建立的坐标系

6.3.3　爆压时刻衬套的微动幅值规律

当衬套过盈量为 0.05mm、摩擦系数为 0.3 时,通过计算可得,爆压时刻衬套的切向微动幅值如图 6.16 所示。

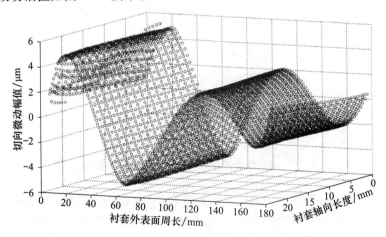

图 6.16　连杆摆角为 0°时衬套的切向微动幅值

　　从连杆和衬套的切向微动幅值可以看出,微动值有正有负,这与柱坐标系周向的正负值定义有关。在图 6.16 中,负值代表衬套沿着连杆逆时针滑移,正值代表衬套沿着连杆顺时针滑移。相对于衬套的外径圆周,衬套各个部分沿着连杆小头的切向滑动方向如图 6.17 所示。在连杆和衬套接触面上的切向微动基本是以变幅值的正弦函数的形式沿着周向在不断变化。在衬套下部承压区附近达到切向微动幅值的最大值。在衬套承压区中线处和与之对应的上半部分的承压区中线处的切向微动幅值为 $0\mu m$,这是由对称载荷的作用导致的。因为模型本身是对称的,而在连杆摆角为 $0°$ 时的爆压载荷也是对称的。在衬套上下部分的中线处,所受的接触压力和摩擦应力等也是完全对称的,所以不会引起位移的相互错动,即切向微动幅值为 $0\mu m$。在衬套外表面周长分别为 93.06mm 和 175.42mm 处的沿轴线所有节点的切向微动滑移幅值也为 $0\mu m$。这两处在衬套两侧部分,沿连杆轴线呈对称状态。这是因为连杆和衬套在受到爆压作用后,在巨大接触压力的作用下,衬套的材料会不断向两边流动,而衬套上半部分也会因接触压力的作用而使衬套材料向下流动,最终在衬套两侧部分达到平衡。从图 6.14 所示的摩擦应力云图可知,因为无相对滑动的趋势,衬套两侧的摩擦应力也很小,所以两侧的切向微动幅值为 $0\mu m$。在周长为 22.27mm 和 67.22mm 处的沿轴向所有节点的切向微动幅值最大,最大切向微动幅值为 $5.14\mu m$,沿连杆轴线呈对称状态。这是由于巨大的爆压作用导致材料在爆压区前后发生相对较大的滑动而产生的。承压区发生的切向微动幅值不大,主要是因为巨大的接触压力作用提供了足够大的静摩擦力,两接触实体在此无相对滑移的趋势。结合图 6.13 可知,整个承压区压力较大处的微动值都比较小。

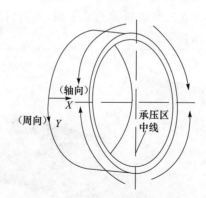

图 6.17　衬套各个部分沿着连杆小头的切向滑动方向

　　沿轴向方向,衬套的切向微动幅值基本相同,变化较小,切向微动幅值最大值发生在周长为 22.67mm 处的节点上。沿轴向取出所有节点,其切向微动幅值随轴向的变化如图 6.18 所示。从图中可以看出,微动幅值沿轴线由内向外呈抛物线变化,在距离边沿 7mm 处达到最大值。从整体上来看,在轴向方向微动幅值变化很小,变化区间只有 0.16μm,只是由于边沿效应和衬套内部的压力小于边沿压力所引起的微弱变化。

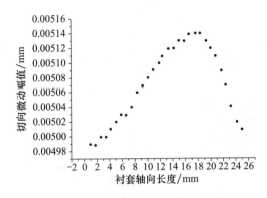

图 6.18　周长为 22.27mm 的所有节点的切向微动幅值

通过计算,衬套的轴向微动幅值如图 6.19 所示。

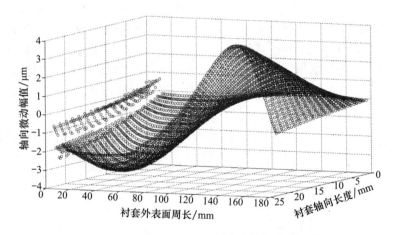

图 6.19　连杆摆角为 0°时衬套的轴向微动幅值

从图 6.19 中可以看出,在衬套周长为 0～89mm 的区域即衬套下半部分轴向滑动的距离都为负值,负值代表衬套沿轴线向连杆小头内部滑移。在衬套的下半部分,轴向微动幅值呈先增大后减小的趋势,最大值在周长为 44.75mm 处,即衬套下半部分的中线处,其沿轴向的分布图如图 6.20 所示。轴向微动幅值在距离衬套边沿 6mm 处达到最大值 3.15μm。在爆压时刻,衬套下半部分的变化状态主要是因为在爆压作用下,衬套的接触压力在边沿最大,沿轴线逐渐减小。在边沿处,衬套被较大的接触压力挤压着向连杆小头内部运动,所以衬套下半部分的轴向微动幅值都为负值。同时,由于边沿的接触压力大,能提供的静摩擦力也大,运动的趋势较不明显,边沿的轴向微动幅值也就有减小的趋势。

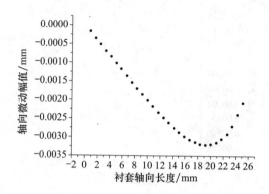

图 6.20　周长为 44.75mm 的所有节点的轴向微动幅值

在衬套的上半部分,轴向微动幅值都为正值,正值代表衬套会沿轴线向连杆小头外侧滑移,且上半部分的轴向微动幅值沿轴向呈递增状态。最大值在周长为 134.24mm 处,即上半部分中线处。此处的轴向微动幅值沿轴线的分布如图 6.21 所示。最大值在衬套边沿处,其值为 3.76μm。从图 6.13 所示的衬套的接触压力图可以看出,由于活塞销在爆压作用后的弯曲,与衬套上半部分内部接触,所以衬套上半部分内部的接触压力较大,而外部因为没有与活塞销接触,所以压力较小。在接触压力从内向外逐渐增大的趋势作用下,材料整体会向连杆小头外部滑动。衬套边沿处又没有限制它向外运动的实体,所以上半部分的轴向微动幅值沿轴线从内向外逐渐增大,在边沿处达到最大值。

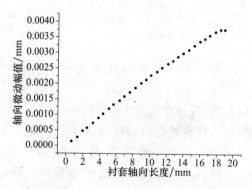

图 6.21　周长为 134.24mm 的所有节点的轴向微动幅值

在衬套的两侧,轴向微动幅值基本为零。这是因为在巨大压力的作用下,连杆小头和衬套已经变形为长轴和连杆轴线垂直的椭圆,所以在两侧的接触压力很小;而如果没有接触压力的挤压,则材料在轴向上没有相对运动的趋势,因此不会产生明显的轴向微动幅值。

切向和轴向的微动幅值是总的微动幅值在切向和轴向的分量。总的微动幅值的方向由其切向和轴向的微动幅值的分量大小决定。此处,总的微动幅值是对切向和轴向微动幅值的平方和开方得到的,它只代表了总的微动幅值的大小。但是从切向和轴向的微动幅值图可以看出,它们的值不断变化,所以每个点的总的微动幅值的方向也是不同的。衬套总的微动幅值如图 6.22 所示。总的微动幅值沿周长呈规律分布。在衬套的下半部分,周长为 22.27mm 和 67.22mm 处的节点总的滑移幅值最大,且由于对称性,这两处总的微动幅值规律是一致的。

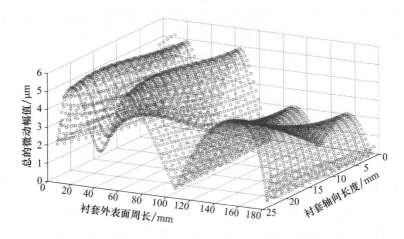

图 6.22　连杆摆角为 0°时衬套总的微动幅值

周长为 22.27mm 处的节点沿轴向的总的微动幅值如图 6.23 所示。总的微动幅值沿轴线呈先增大后减小的趋势。最大值发生在距离边沿 6mm 处,其值为5.69μm。在中线处,由于切向微动的值为零,轴向微动起主导作用。沿轴向由内向外呈先增大后减小的趋势。在衬套的上半部分,中线处由内向外逐渐增大,增大的趋势要大于它两侧的节点。但在内部中间面的节点总的微动幅值要明显小于两侧的节点。这是因为在中线处的切向微动幅值为零,而轴向微动是一个由内向外不断增大的趋势,轴向微动起主导作用。最大值发生在中线最边沿处,其值为3.76μm。在衬套两侧的节点总的微动幅值都偏小。

由以上对微动滑移幅值规律的具体分析可知,在衬套的下半部分,总的滑移距离沿轴向由内向外呈先增大后减小的趋势,在距离边沿 6mm 处达到最大值。在衬套的上半部分呈不断增大的趋势,在边沿处有最大值。上半部分总的微动幅

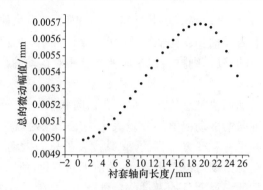

图 6.23　周长为 22.27mm 的所有节点总的微动幅值

值要小于下半部分。同时,通过与衬套摩擦应力云图比较可知,摩擦应力大的位置,其微动滑移幅值也大。微动滑移幅值的分布和摩擦应力分布基本一致,只是在具体的细节中,微动幅值的变化规律与摩擦应力的大小不一致。例如,由于过大的接触压力,边沿处的微动幅值反而在逐渐减小。

6.4　不同连杆摆角下衬套的微动特性

6.4.1　连杆摆角对衬套接触压力和摩擦应力的影响

在发动机工作的过程中,当连杆摆动角度不同时,活塞传递的载荷不同,在爆压处最大,并随着摆角的增大不断减小。所以,不同摆角时连杆小头和衬套接触间的接触压力、摩擦应力和滑移距离也都不同。当过盈量为 0.05mm、摩擦系数为 0.3 时,不同的连杆摆角的连杆和衬套接触间的接触压力和摩擦应力如图 6.24～图 6.29 所示。

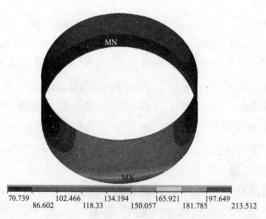

图 6.24　连杆摆角为 5°时衬套的接触压力(单位:MPa)

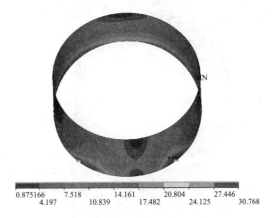

图 6.25　连杆摆角为 5°时衬套的摩擦应力（单位：MPa）

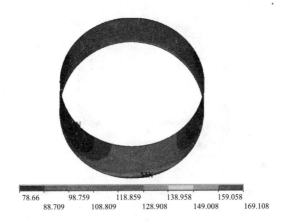

图 6.26　连杆摆角为 10°时衬套的接触压力（单位：MPa）

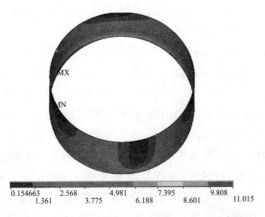

图 6.27　连杆摆角为 10°时衬套的摩擦应力（单位：MPa）

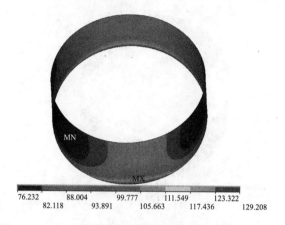

图 6.28　连杆摆角为 15°时衬套的接触压力(单位：MPa)

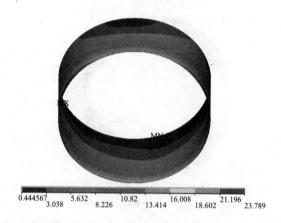

图 6.29　连杆摆角为 15°时衬套的摩擦应力(单位：MPa)

　　结合图 6.13 和图 6.14 可知,不同连杆摆角下衬套外表面下部承压区边沿的接触压力皆为最大,沿衬套轴线向内逐渐减小。衬套外表面上部边沿处接触压力随着摆角的变化有不同的分布规律。在连杆摆角为 0°和 5°时,接触压力沿轴线向内反而增大。这主要是由于活塞销在受载后发生弯曲,与衬套上部有接触,导致接触压力在接触区较大。在连杆摆角为 10°时,由于活塞销和衬套上部的接触较小,无明显增大的趋势,导致衬套的边沿效应不能明显体现。在连杆摆角为 15°时,由于所受载荷较小,衬套上部与活塞销无明显接触。整个上半部分符合过盈接触的压力分布,在边沿处有明显的边沿效应。从整体上来看,随着连杆摆角的增大,接触压力整体呈不断减小的趋势。在连杆摆角为 0°时,衬套下部承压区中心边沿处的接触压力最大,其值为 221.187MPa。在连杆摆角为 15°时,接触压力最小,其值为 129.208MPa,也在承压区中心边沿处。对于衬套的两侧,不同连杆摆角下,接触压力都比较小,这主要是由于在爆压的作用下,连杆小头和衬套已经变形为长轴和连杆轴线垂直的椭圆,接触压力得到一定的释放。

不同连杆摆角下,衬套下部承压区中线的接触压力随连杆摆角的变化如图 6.30所示。从图中可以明显看出,在衬套边沿处接触压力明显大于内部,这是边沿效应和活塞销在爆压作用下发生弯曲共同导致的。随着连杆摆角的增大,接触压力整体呈不断减小的趋势。不同连杆摆角下衬套的最大接触压力如表 6.3 所示。衬套最大接触压力随连杆摆角的变化如图 6.31 所示,从图中可知,衬套最大接触压力在0°~5°减小得比较缓慢,在 5°~15°减小趋势比较明显,这与爆压随着时间迅速减小有关。

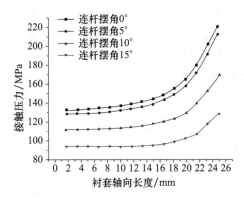

图 6.30 不同连杆摆角下衬套承压区中线的接触压力

表 6.3 不同连杆摆角对应的衬套最大接触压力

连杆摆角/(°)	0	5	10	15
最大接触压力/MPa	221.187	213.512	169.108	129.208

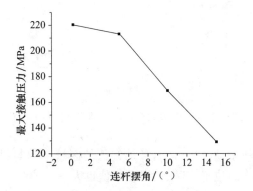

图 6.31 衬套最大接触压力随连杆摆角的变化

由摩擦应力云图可以看出,衬套摩擦应力整体呈边沿较大向内逐渐减小的趋势。在连杆摆角为 0°和 5°时,由于爆压的作用,衬套下部受到巨大的压力,下部承压区两侧材料因挤压力的作用向两侧有明显的滑动,且下部的接触压力要大于上部。所以,摩擦应力的最大值发生在衬套下部。在连杆摆角为 10°和 15°时,由于爆压较小,衬套下部材料的运动趋势较小。而上部由于爆压的作用,接触压力有一定的减小,而且由于连杆上部的厚度小,径向刚度较小,衬套在上部的变形较大,所以上部滑动的趋势较大。最大摩擦应力产生在衬套上部边沿处。总之,摩擦应力在衬套外表面上下部分承压区两侧边沿处较大,在衬套两侧较小。由不同连杆摆角的摩擦应力云图可知,随着连杆摆角的不同,摩擦应力的分布规律基本一致,最大摩擦应力都发生在衬套上下部分的承压区前后。不同的是,随着连杆摆角的变化,衬套和连杆的接触区域有一定的偏移,而且随着连杆摆角的增大,摩擦应力呈不断减小的趋势。最大摩擦应力发生在爆压时刻承压区前后边沿的位置,其值为 33.291MPa。

    不同连杆摆角下衬套的最大摩擦应力如表 6.4 所示。衬套最大摩擦应力随连杆摆角的变化如图 6.32 所示。由图可知,随着连杆摆角的加大,衬套的最大摩擦应力基本呈线性减小的趋势。

表 6.4   不同连杆摆角对应的衬套最大摩擦应力

连杆摆角/(°)	0	5	10	15
最大摩擦应力/MPa	33.291	30.768	26.212	23.789

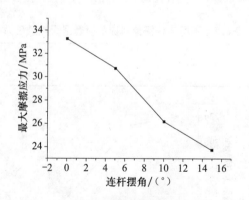

图 6.32   衬套最大摩擦应力随连杆摆角的变化

    通过爆压时刻的微动分析可知,微动幅值的区域基本与衬套外表面的摩擦应力一致。摩擦应力大的位置,其微动滑移幅值也大。

6.4.2   连杆摆角对衬套微动幅值的影响

    应用前述微动幅值的提取方法,得到不同连杆摆角下衬套的切向微动幅值如图 6.33 所示。

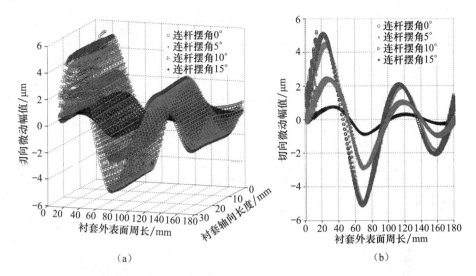

(a)　　　　　　　　　　　　　　　　(b)

图 6.33　不同连杆摆角处衬套的切向微动幅值分布图

图 6.33(a)和(b)分别是不同视角下衬套切向微动幅值的分布规律。从图中可知，随着连杆摆角的变化，衬套切向微动幅值的规律基本一致，都与爆压时刻的切向微动幅值分布规律一样，沿连杆轴线呈对称分布，在下半部分由于承受巨大爆压的作用，挤压材料向两侧运动，在承压区两侧使材料有最大的微动幅值。在上半部分由于接触压力的作用，材料也有向承压区外侧运动的趋势。所以，衬套的上半部分承压区两侧也有两个切向微动峰值，但没有衬套下部的切向微动幅值峰值大。由于衬套每个部分的初始微动方向不同，在衬套两侧达到平衡，所以衬套两侧的切向微动幅值基本为零。随着连杆的摆动，上下两部分承压区的位置也在移动，摩擦应力分布规律也随之移动。从图 6.33 中可以看出，连杆摆角不同时，对应的切向微动幅值的峰值随着角度的加大，向右移动一定的距离。但整体切向微动幅值规律没有变化，只是发生了平移。随着连杆摆角加大，衬套切向微动幅值整体呈不断减小的趋势。衬套最大切向微动幅值周长处的所有节点随着连杆摆角加大的变化如图 6.34 所示。从图中可以看出，随着连杆摆角的增大，衬套的切向微动幅值呈不断减小的趋势。

不同连杆摆角处衬套的轴向微动幅值如图 6.35 所示。由图可知，不同连杆摆角下轴向微动幅值与爆压时刻的轴向微动幅值分布规律基本一致，只是微动幅值的大小随着连杆摆角的加大呈逐渐减小的趋势。在衬套的下半部分，轴向微动幅值呈先增大后减小的趋势，其最大值位于衬套下半部分承压区的中线处，且在距离衬套边沿 6mm 处达到最大。在衬套的上半部分，轴向微动幅值最大值在衬套上半部分承压区的中线处，沿衬套轴向由内向外逐渐增大，最大值在衬套边

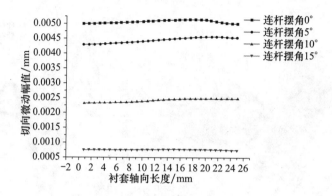

图 6.34　不同连杆摆角下衬套最大切向微动幅值周长处所有节点的切向微动幅值

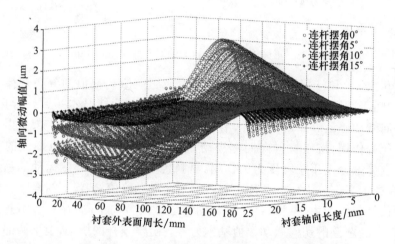

图 6.35　不同连杆摆角处衬套的轴向微动幅值

沿处。在衬套的两侧,轴向的微动幅值基本为零。

　　不同连杆摆角下衬套最大轴向微动幅值周长处所有节点的轴向微动幅值如图 6.36 所示。从图中可知,随着连杆摆角的增大,衬套的轴向微动幅值呈不断减小的趋势。在连杆摆角为 0°～5°时衬套的轴向微动幅值略微减小,在连杆摆角为 10°和 15°时减小得比较明显,这与爆压随着连杆摆角迅速减小有关。

　　不同连杆摆角处衬套总的微动幅值如图 6.37 所示。由图可知,不同连杆摆角下衬套总的微动幅值与爆压时刻总的微动幅值分布规律基本一致,只是微动幅值的大小随着连杆摆角的加大呈逐渐减小的趋势;而且由于连杆摆角的存在,微动幅值规律随着连杆摆角的加大都向右平移了一定的距离,但整体的变化规律没有变化。在衬套的下半部分,在承压区中线两侧,总的滑移幅值最大;而且由于连杆摆角的存在,承压两侧的摩擦应力不同,并不是完全对称的,右侧的摩擦应力要大

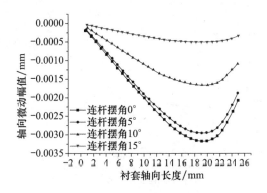

图 6.36　不同连杆摆角下衬套最大轴向微动幅值周长处所有节点的轴向微动幅值

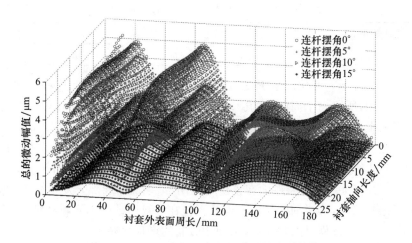

图 6.37　不同连杆摆角处衬套总的微动幅值

于左侧的摩擦应力。对应的微动幅值也是右侧略大于左侧。总的微动幅值沿轴线呈先增大后减小的趋势,最大值发生在距离边沿 6mm 处。在衬套的上半部分,承压区中线处由内向外逐渐增大,增大的趋势要大于它两侧的节点。但在内部中间面的节点总的微动幅值要明显小于两侧的节点。在衬套的两侧,节点总的微动幅值都偏小。

　　衬套下部承压区右侧的最大微动幅值周长处的所有节点的微动幅值随着连杆摆角加大的变化如图 6.38 所示。不同连杆摆角下衬套的最大微动幅值如表 6.5 所示。最大微动幅值随连杆摆角的增大呈不断减小的趋势。

　　从对连杆衬套外表面切向微动幅值、轴向微动幅值和总的微动幅值的分析可知,在发动机运行的过程中,衬套整体处于微动状态。随着连杆摆动角度的变化,衬套和连杆的切向微动幅值与轴向微动幅值在不断变化,对应的总的微动幅值的

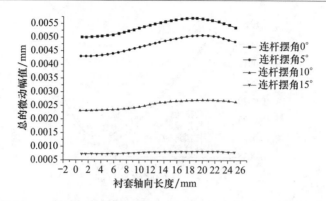

图 6.38　不同连杆摆角下衬套微动幅值最大处所有节点总的微动幅值

表 6.5　不同连杆摆角下衬套的最大微动幅值

连杆摆角/(°)	0	5	10	15
最大微动幅值/mm	0.00569	0.00507	0.00274	0.00083

大小和方向也在不断变化。由于发动机在进行高速旋转,衬套和连杆之间承受周期载荷的作用,所以一个周期内的微动特性可以具体反映出连杆和衬套在实际工况下的高频微动特性;而且连杆和衬套的微动导致其接触面进行频繁周期的相对滑动。总之,衬套在工作中处于变微动幅值、变方向的周期微动。随着连杆摆角的加大,总的微动幅值呈不断减小的趋势,在爆压时刻的微动幅值最大,其值为 $5.69\mu m$。在这个过程中,摩擦面在正压力作用下,表面凸起部分发生黏着,黏着部分又被摩擦力剪切,形成细微颗粒。这些颗粒在往复微动中不能顺利排出,成为磨料,加剧了磨损的过程,导致过盈量随使用时间的增加而减少。

6.4.3　连杆摆角对衬套摩擦功的影响

微动滑移幅值只是微动磨损的一个关键参数,根据微动磨损理论,衡量微动磨损的大小主要根据该处的微动滑移距离和摩擦应力。为了分辨出哪个位置磨损得比较严重,本节引用"摩擦功"概念。摩擦功实际上就是摩擦力沿微动滑移距离做功。在滑移的过程中,摩擦应力的方向和微动滑移距离的方向一直相反,所以摩擦力一直是在做负功。为了便于分析,本节只用摩擦功的绝对值来比对。在本节中,由于计算的都是衬套的微动滑移距离幅值,而不是一个随时间变化的微动滑移距离,所以不能计算出准确的微动摩擦功。但由于随连杆摆角的变化,各个点的微动滑移幅值和摩擦应力都在不断减小,而且基本呈线性,最大微动幅值也对应着最大的摩擦应力。所以,最大的微动幅值时刻的摩擦功也能表征该点在一个周期内摩擦功的大小。为此,应用最大微动滑移幅值时刻的摩擦功来界定摩擦功的大小,摩擦功 W 的公式为

$$W = F \times S$$

式中,F 为单位毫米的摩擦力;S 为总的微动滑移幅值。

随着连杆摆角的变化,衬套各处的摩擦应力和总的微动滑移幅值也在变化,对应的摩擦功也在改变。不同连杆摆角下衬套的摩擦功如图 6.39 所示。

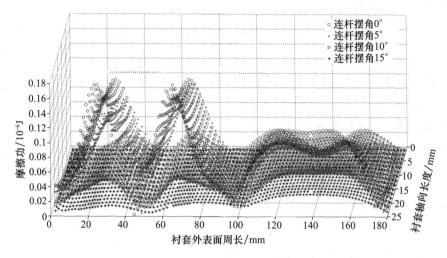

图 6.39　不同连杆摆角下衬套的摩擦功

从图 6.39 可以看出,不同连杆摆角下衬套摩擦功的分布规律是一致的。摩擦功以衬套上下部分承压区的中线为对称轴呈近似对称分布。随着连杆摆角的加大,摩擦功整体呈不断减小的趋势。摩擦功在衬套下半部分承压区两侧边沿处达到最大值。

不同连杆摆角下衬套的摩擦功在最大值处沿轴线的变化如图 6.40 所示。

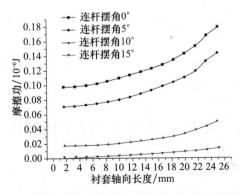

图 6.40　不同连杆摆角下衬套的摩擦功在最大值处沿轴线的变化

由图 6.40 可知,衬套摩擦功沿轴线从内向外不断增大,在边沿处增大得最快,且最大值就在衬套边沿处。这主要是因为摩擦应力沿轴向由内向外不断增大。随着连杆摆角的加大,衬套摩擦功不断减小,在爆压时刻的摩擦功最大。这是由于随着连杆摆角的加大,衬套滑移距离和摩擦应力都在不断减小。不同连杆摆角下衬套的最大摩擦功如表 6.6 所示。

表 6.6 不同连杆摆角下的衬套的最大摩擦功

连杆摆角/(°)	0	5	10	15
最大摩擦功/10^{-6}J	0.179	0.144	0.0504	0.015

衬套最大摩擦功随连杆摆角的变化如图 6.41 所示。随着摆角的加大,最大摩擦功不断减小。在连杆摆角为 0°~5°时减小得比较缓慢,在连杆摆角为 5°~15°时减小趋势比较明显,摩擦功迅速减小。爆压时刻的最大摩擦功是连杆摆角为 15°时最大摩擦功的十倍以上。

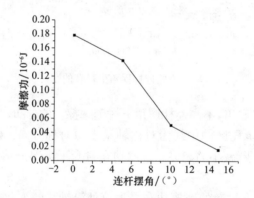

图 6.41 衬套最大摩擦功随连杆摆角的变化

通过对不同连杆摆角的接触压力、摩擦应力、微动幅值和微动摩擦功的分析可知,随着连杆摆角的加大,衬套的接触压力、摩擦应力、微动幅值和微动摩擦功不断减小。在爆压时刻,衬套的接触压力、摩擦应力、微动幅值和微动摩擦功最大,所以在发动机整个运转过程中,爆压时刻对应的微动损伤也相对最为严重。

6.5 不同过盈量下衬套的微动特性

6.5.1 过盈量对衬套接触压力和摩擦应力的影响

通过对不同连杆摆角下连杆微动特性的研究,发现在爆压时刻各个微动特性的数值比较大,对微动的影响最大。对于不同的过盈量,由于只是增大了连杆和衬套的初始接触压力,并不能改变不同连杆摆角下衬套微动特性的分布规律,只是在数值上有些变化。对于不同的过盈量,衬套微动特性的分布规律应该是一致的。微动最关注的是微动特性参数的最大值,所以在研究不同的过盈量对微动特性的影响时,只分析爆压时刻不同过盈量的衬套微动特性即可。

衬套过盈量不同,导致衬套和连杆之间的预压力不同,进而导致衬套在和连杆接触时,接触面间的接触压力也不同。所以,不同过盈量下衬套接触面间能提供的最大静摩擦力也不同。根据微动分析理论,在受到同一载荷作用时,两实体接触面间的滑移距离也不同。为了找出过盈量对微动滑移距离的影响,本节选用过盈量分别为 0.05mm、0.06mm、0.07mm 和 0.08mm 的衬套进行分析。过盈量为 0.06mm、0.07mm 和 0.08mm 时衬套和连杆接触面在爆压时刻的接触压力和摩擦应力如图 6.42～图 6.47 所示。

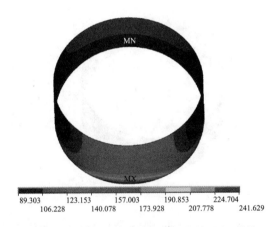

图 6.42　过盈量为 0.06mm 时衬套的接触压力(单位:MPa)

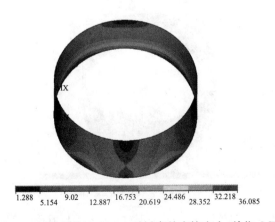

图 6.43　过盈量为 0.06mm 时衬套的摩擦应力(单位:MPa)

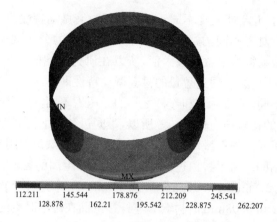

图 6.44　过盈量为 0.07mm 时衬套的接触压力（单位：MPa）

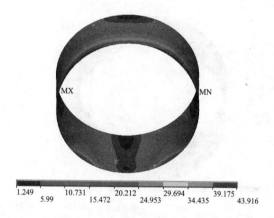

图 6.45　过盈量为 0.07mm 时衬套的摩擦应力（单位：MPa）

图 6.46　过盈量为 0.08mm 时衬套的接触压力（单位：MPa）

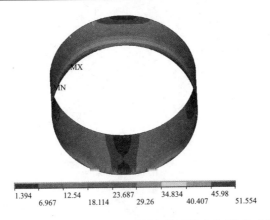

1.394　　12.54　　23.687　　34.834　　45.98
　　6.967　　18.114　　29.26　　40.407　　51.554

图 6.47　过盈量为 0.08mm 时衬套的摩擦应力（单位：MPa）

通过与过盈量为 0.05mm 时衬套的接触压力和摩擦应力比对分析可知，随着过盈量的增大，连杆和衬套的接触压力分布规律一致，在承压区中线边沿处有最大接触压力，在衬套上半部分承压区接触压力在边沿处较小，沿轴向从外向内逐渐增大。这主要是由活塞销弯曲后与衬套接触所致。

随着过盈量的增大，接触压力也在不断增大。不同过盈量下衬套下部承压区中线处的接触压力如图 6.48 所示。接触压力的最大值随过盈量的变化如表 6.7 所示。不同过盈量下衬套接触压力的最大值如图 6.49 所示。从接触压力随过盈量的变化图可以看出，随着过盈量的增大，接触压力在不断增大。接触压力随过盈量基本呈线性变化的趋势。在爆压时刻，每加大过盈量 0.01mm，接触压力约增大20MPa。

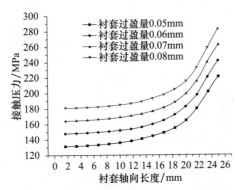

图 6.48　不同过盈量下衬套下部承压区中线处的接触压力

表 6.7　接触压力的最大值随过盈量的变化

过盈量/mm	0.05	0.06	0.07	0.08
接触压力最大值/MPa	221.187	241.629	262.207	282.911

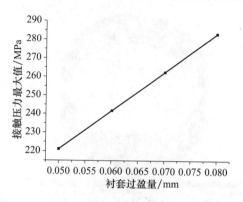

图 6.49   不同过盈量下衬套接触压力的最大值

对于衬套的摩擦应力,随着衬套过盈量的增加,摩擦应力的分布规律也是一致的,都是在衬套上下部承压区两侧边沿处有最大摩擦应力。不同的是,随着过盈量的增加,衬套上部的接触压力也会相应地加大,由于连杆上部的径向刚度较小,衬套上半部分的变形会加大,滑动趋势也较大,所以最大摩擦应力会出现在衬套上部。不同过盈量下衬套的最大摩擦应力如表 6.8 所示。最大摩擦应力随过盈量的变化如图 6.50 所示。从图中可知,随着过盈量的加大,最大摩擦应力基本呈线性增大的趋势。

表 6.8   不同过盈量下衬套的最大摩擦应力

过盈量/mm	0.05	0.06	0.07	0.08
最大摩擦应力/MPa	33.291	36.085	43.916	51.554

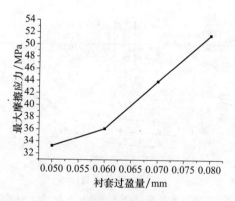

图 6.50   不同过盈量下衬套的最大摩擦应力

6.5.2   过盈量对衬套微动幅值的影响

通过计算,不同过盈量下衬套爆压时刻的切向微动幅值、轴向微动幅值和总的微动幅值如图 6.51～图 6.53 所示。

由图 6.51～图 6.53 可知,不同过盈量下衬套爆压时刻的切向微动幅值、轴向微动幅值和总的微动幅值的分布规律和衬套过盈量为 0.05mm 时爆压时刻的规律是一致的。对于衬套的切向微动幅值,都是在衬套下半部分承压区两侧有最大切向微动幅值。只是随着过盈量的增加,切向微动幅值呈略微减小的趋势。对于

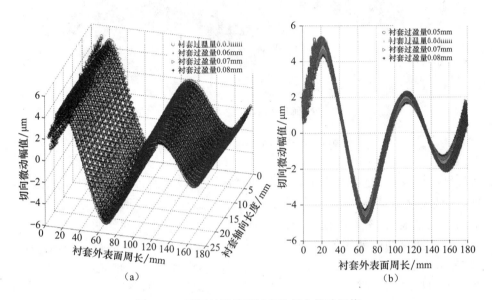

图 6.51　不同过盈量下衬套的切向微动幅值

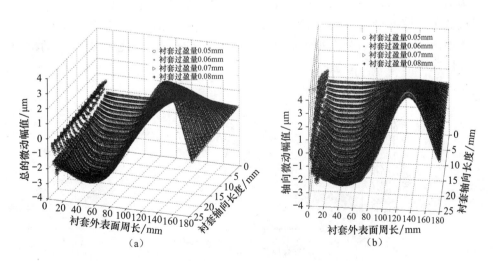

图 6.52　不同过盈量下衬套的轴向微动幅值

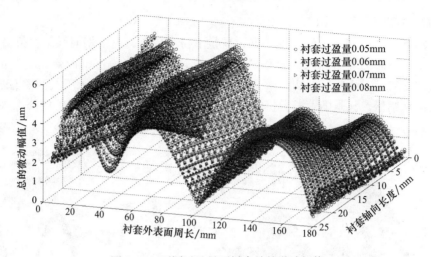

图 6.53　不同过盈量下衬套总的微动幅值

衬套轴向位移，都是在衬套上半部分的承压区中线处有最大轴向微动幅值，而且微动幅值沿衬套轴向由内向外不断增大。在衬套下部承压区中线处，轴向微动幅值也很大，沿着轴向方向由内向外先增大后减小。对于总的微动幅值，在衬套下部总的微动幅值沿轴线由内向外呈先增大后减小的趋势，在距离边沿 5mm 附近处有最大值。对于衬套上半部分，微动幅值沿轴线由内向外呈逐渐增大的趋势。只是在承压区中线处起点比较低，但增幅较两侧快，最后还是中线边沿处的微动幅值最大。对于整个衬套，还是下半部分承压区两侧的微动幅值最大。承压区两侧总的微动幅值随过盈量的变化如图 6.54 所示。不同过盈量对应的最大微动幅值如表 6.9 所示。衬套最大微动幅值随过盈量的变化如图 6.55 所示，从图中可以看出，随过盈量的加大，衬套的最大微动幅值呈线性减小的趋势。

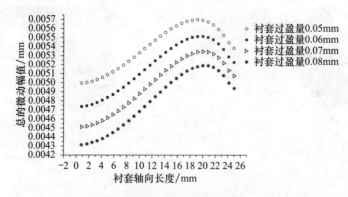

图 6.54　不同过盈量下衬套下部承压区两侧总的微动幅值

表 6.9　不同过盈量下衬套的最大微动幅值

过盈量/mm	0.05	0.06	0.07	0.08
最大微动幅值/mm	0.00569	0.005512	0.005346	0.005189

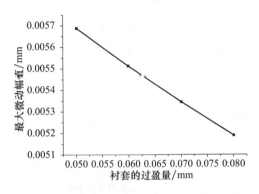

图 6.55　不同过盈量下衬套的最大微动幅值

6.5.3　过盈量对衬套摩擦功的影响

通过计算,不同过盈量下衬套的摩擦功如图 6.56 所示。

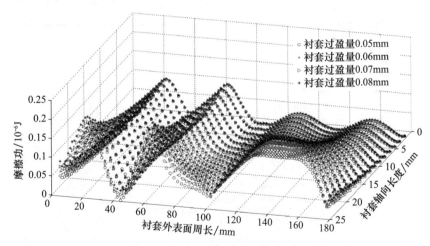

图 6.56　不同过盈量下衬套的摩擦功

由图 6.56 可知,衬套的摩擦功沿衬套轴线由内向外呈逐渐增大的趋势,在边沿处有最大值。摩擦功最大值出现在衬套下部承压区两侧边沿处,这是与微动幅值分布规律最为不同之处,主要是因为边沿处的摩擦应力较大。从图中还可以看出,随着过盈量的增大,摩擦功也呈不断增大的趋势,在边沿处表现尤为明显。这是由于摩擦应力随着过盈量的增大,其增大的比例比微动幅值减小的比例大。不同过盈量下衬套下部承压区两侧的摩擦功如图 6.57 所示。不同过盈量下衬套的最大摩擦功如表 6.10 所示。最大摩擦功随过盈量的变化如图 6.58 所示。随着过盈量的增大,摩擦功也在不断增大。在衬套内部增大得稍慢,在边沿处增大得较快。最大摩擦功随过盈量的增大呈线性增大的趋势。

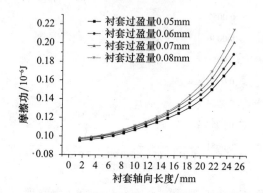

图 6.57　不同过盈量下衬套下部承压区两侧的摩擦功

表 6.10　不同过盈量下衬套的最大摩擦功

过盈量/mm	0.05	0.06	0.07	0.08
最大摩擦功/10^{-6}J	0.179	0.18951	0.202	0.216

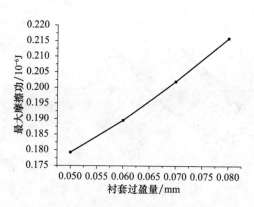

图 6.58　不同过盈量下衬套的最大摩擦功

　　通过过盈量对衬套微动特性的研究,发现随着过盈量的增大,衬套的切向微动幅值、轴向微动幅值和总的微动幅值随着过盈量的增大反而不断减小。接触压力、摩擦应力以及摩擦功随着过盈量的增大整体呈不断增大的趋势。这主要是因为过盈量增大,衬套和连杆小头接触压力增大,所以滑动时接触面间的摩擦应力也随之增大。摩擦应力增大的比例超过了微动幅值减小的幅度,所以摩擦功增大。

6.6 不同摩擦系数下衬套的微动特性

6.6.1 摩擦系数对衬套接触压力和摩擦应力的影响

在过盈量一定的情况下,减少摩擦系数相当于降低了接触面之间的静摩擦力。在受到同一载荷的作用下,由于静摩擦力减小,根据微动接触理论,必然对衬套的微动滑移幅值产生一定的影响。本节在衬套过盈量为 0.05mm 条件下,分析摩擦系数分别为 0.1、0.2 和 0.3 时衬套微动滑移幅值的变化,找出摩擦系数对微动特性的影响规律。不同摩擦系数下衬套的接触压力和摩擦应力如图 6.59~图 6.62 所示。

通过与过盈量为 0.05mm 时衬套的接触压力和摩擦应力的比对分析可知,随着摩擦系数的减小,连杆和衬套的接触压力分布规律是一致的,都是在承压区中线边沿处有最大接触压力,在衬套上半部分承压区接触压力在边沿较小,沿轴向由外

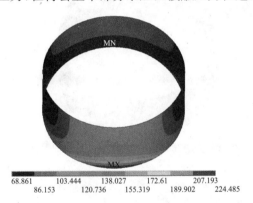

图 6.59 摩擦系数为 0.1 时衬套的接触压力(单位:MPa)

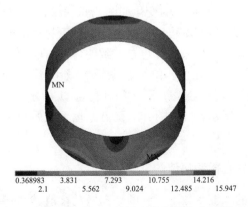

图 6.60 摩擦系数为 0.1 时衬套的摩擦应力(单位:MPa)

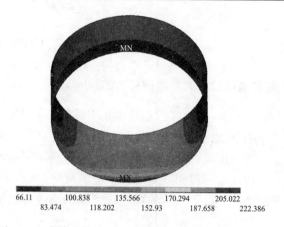

图 6.61　摩擦系数为 0.2 时衬套的接触压力(单位:MPa)

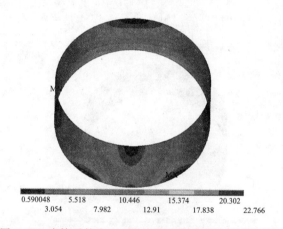

图 6.62　摩擦系数为 0.2 时衬套的摩擦应力(单位:MPa)

向内逐渐增大。这主要是由活塞销弯曲后与衬套上部接触所致。衬套下部承压区中线的接触压力随衬套摩擦系数的变化如图 6.63 所示。随着摩擦系数的减小,接触压力最大值稍有增大,但基本可以忽略不计。对于衬套的摩擦应力,随着衬套摩擦系数的增大,摩擦应力的分布规律也是一致的,都是在衬套上下部承压区两侧边沿处有最大摩擦应力。不同的是,由于摩擦系数减小,摩擦应力呈逐渐减小的趋势。不同摩擦系数下衬套的最大摩擦应力如表 6.11 所示。最大摩擦应力随摩擦系数的变化如图 6.64 所示,从图中可知,随着摩擦系数的减小,最大摩擦应力基本呈线性降低的趋势。

6.6.2　摩擦系数对衬套微动幅值的影响

通过计算,不同的摩擦系数下衬套的切向微动幅值、轴向微动幅值和总的微动幅值如图 6.65~图 6.67 所示。

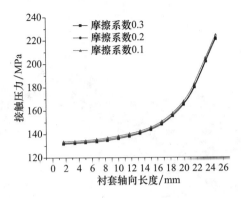

图 6.63　不同摩擦系数下衬套下部承压区中线的接触压力

表 6.11　不同摩擦系数下衬套的最大摩擦应力

摩擦系数	0.1	0.2	0.3
最大摩擦应力/MPa	15.947	22.766	33.291

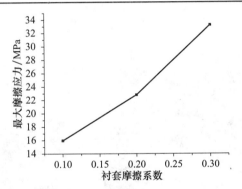

图 6.64　不同摩擦系数下衬套的最大摩擦应力

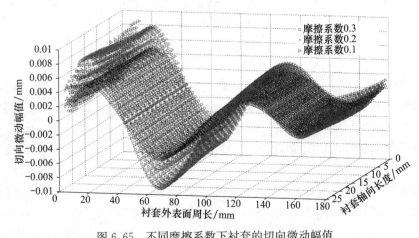

图 6.65　不同摩擦系数下衬套的切向微动幅值

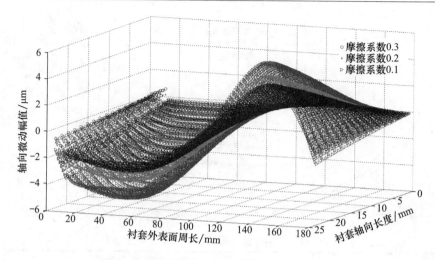

图 6.66　不同摩擦系数下衬套的轴向微动幅值

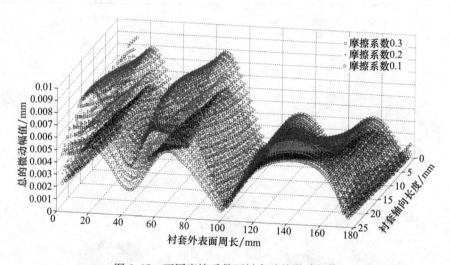

图 6.67　不同摩擦系数下衬套总的微动幅值

从图 6.65～图 6.67 可知,不同摩擦系数下爆压时刻衬套的切向微动幅值、轴向微动幅值和总的微动幅值的分布规律和衬套过盈量为 0.05mm、摩擦系数为 0.3 时爆压时刻的分布规律是一致的。对于衬套的切向微动幅值,都是在衬套下半部分承压区两侧有最大切向微动幅值。对于衬套轴向位移,都是在衬套上半部分承压区中线处有最大轴向微动幅值,而且微动幅值沿衬套轴向由内向外不断增大。在衬套下部承压区中线处,轴向微动幅值也很大,而且沿着轴向方向由内向外先增大后减小。对于总的微动幅值,在衬套下部沿轴线由内向外呈先增大后减小的趋势,在距离边沿附近处有最大值。对于衬套上半部分,微动幅值沿轴线由内向外呈逐渐增大的趋势。只是在承压区中线处起点比较低,但增幅较两侧快,最后还是中线边沿处的微动幅值最大。对于整个衬套,还是下半部分承压区两侧的微动幅值最大。随着摩擦系数的减小,衬套的切向微动幅值、轴向微动幅值和总的微动幅值呈不断增大的趋势。这主要是因为摩擦系数的降低使衬套的静摩擦力也随之降低,所以衬套和连杆间相互错动的幅值会更大。

　　衬套下部承压区两侧总的微动幅值随摩擦系数的变化如图 6.68 所示,从图中可以明显看出,随着摩擦系数的降低,总的微动幅值在不断增大。不同摩擦系数下衬套的最大微动幅值如表 6.12 所示。衬套最大微动幅值随摩擦系数的变化如图 6.69所示,从图中可以看出,随着摩擦系数的增大,衬套的最大微动幅值呈线性减小的趋势。

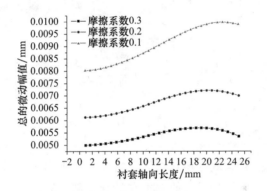

图 6.68　衬套下部承压区两侧总的微动幅值随摩擦系数的变化

表 6.12　不同摩擦系数对应的最大微动幅值

摩擦系数	0.1	0.2	0.3
最大微动幅值/mm	0.00997	0.00721	0.00569

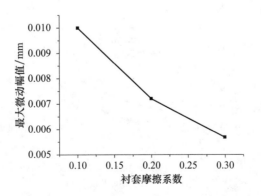

图 6.69　不同摩擦系数下衬套的最大微动幅值

6.6.3 摩擦系数对衬套摩擦功的影响

通过计算,不同摩擦系数下衬套的摩擦功如图 6.70 所示。

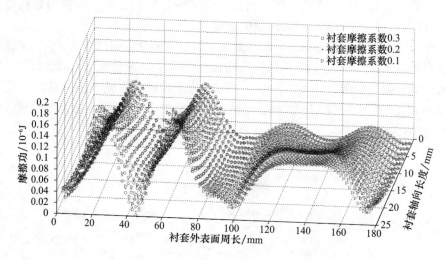

图 6.70　不同摩擦系数下衬套的摩擦功

由图 6.70 可知,衬套的摩擦功总体沿衬套轴线由内向外呈逐渐增大的趋势,在边沿处有最大值。摩擦功最大值发生在衬套下部承压区两侧边沿处,这是与微动幅值分布规律最为不同之处,主要是因为边沿处的摩擦应力较大。从图中还可以看出,随着摩擦系数的降低,衬套的摩擦功整体在不断减小。在衬套下部承压区两侧,不同的摩擦系数下衬套的摩擦功如图 6.71 所示,从图中可以看出,摩擦系数在 0.3～0.2 时,衬套摩擦功降低较为明显,内部摩擦功比衬套边沿处的摩擦功降低的幅度略大。摩擦系数在 0.2～0.1 时,摩擦功呈整体减小的趋势,在衬套内部,

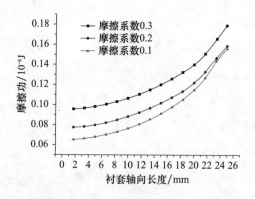

图 6.71　衬套下部承压区不同的摩擦系数下衬套的摩擦功

摩擦功减小得较明显,而边沿处摩擦功降低的幅度较小。所以,当摩擦系数降低到0.2以下时,主要对衬套内部摩擦功降低起作用。不同摩擦系数下衬套的最大摩擦功如表6.13所示。最大摩擦功随摩擦系数的变化如图6.72所示。随着摩擦系数的减小,最大摩擦功呈不断减小的趋势。摩擦系数在0.3~0.2时最大摩擦功减小得较快,在0.2~0.1时减小趋势较慢。

表 6.13　不同摩擦系数下衬套的最大摩擦功

摩擦系数	0.1	0.2	0.3
最大摩擦功/10^{-6}J	0.155	0.158	0.179

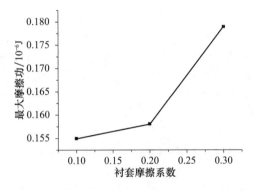

图 6.72　不同摩擦系数下衬套的最大摩擦功

6.7　小　　结

本章结合弹性接触理论,应用有限元法对衬套和连杆小头在爆压时刻的接触过程进行了数值仿真。通过计算结果定量分析了衬套和连杆的应力和变形随着过盈量的变化规律,分析了连杆摆角、衬套过盈量以及摩擦系数变化对衬套微动特性的影响。根据不同连杆摆角、过盈量和摩擦系数对微动特性参数的影响,发现增大过盈量可以降低衬套微动滑移幅值,但衬套的接触压力、摩擦应力和摩擦功会随之增大。虽然不能降低微动摩擦功,但是余量的加大可以提高衬套的使用寿命。降低摩擦系数可以降低衬套的摩擦应力和摩擦功,但是衬套微动滑移距离会随着摩擦系数的降低而增大。从摩擦功的角度考虑,降低摩擦系数是一个很好的减缓微动的措施。但是,在降低摩擦系数的同时,会使衬套容易在连杆小头内因爆压的冲击而发生转动。

参 考 文 献

[1] Lee D H, Kwon S J. Characterization of fretting damage in a press-fitted shaft below the fretting fatigue limit[J]. Procedia Engineering, 2010, (2): 1945-1949.

[2] Kubota M, Hirakawa K. The effect of rubber contact on the fretting fatigue strength of railway wheel tire[J]. Tribology International, 2009, (42): 1389-1398.

[3] Mo J L, Zhu M H. Study on rotational fretting wear of 7075 aluminum alloy[J]. Tribology International, 2010, (43): 912-917.

[4] Kubiak K J, Mathia T G, Fouvry S. Interface roughness effect on friction map under fretting contact conditions[J]. Tribology International, 2010, (43): 1500-1507.

[5] Alfredsson B. Fretting fatigue of a shrink-fit pin subjected to rotating bending: Experiments and simulations[J]. International Journal of Fatigue, 2009, (31): 1559-1570.

[6] Zhu M H, Cai Z B. Fretting wear behavior of ceramic coating prepared by micro-arc oxidation on Al-Si alloy[J]. Wear, 2007, (263): 472-480.

[7] Zhao J S, Ma C C, Hu L P. Dynamics analysis and experimental research on turbocharger rotor with fore and after lighting optimization[J]. Advanced Materials Research, 2011, (230): 1099-1103.

[8] Farrahi G H, Tirehdast M. Failure analysis of a gas turbine compressor[J]. Engineering Failure Analysis, 2011, 18: 474-484.

[9] Truman C E, Booker J D. Analysis of a shrink-fit failure on a gear hub/shaft assembly[J]. Engineering Failure Analysis, 2007, 14: 557-572.

[10] Hattori T, Kien V T. Fretting fatigue life estimations based on fretting mechanisms[J]. Tribology International, 2010, 57: 1351-1358.

[11] Kermanpur A, Amin H S. Failure analysis of Ti6Al4V gas turbine compressor blades[J]. Engineering Failure Analysis, 2008, 15: 1052-1064.

[12] 段家宽, 杨兴宇. 微动磨损引起的压气机叶片榫头断裂故障研究[J]. 燃气涡轮试验与研究, 2009, 22(3): 28-32.

[13] 张晓化, 刘道新. TiN/Ti 复合膜与多层膜对 Ti811 合金高温摩擦性能及微动疲劳抗力的影响[J]. 摩擦学学报, 2009, 29(4): 312-318.

[14] 古柏林, 刘捍卫. TiN/Ti 复合涂层高温微动磨损特性研究[J]. 中国表面工程, 2010, 23(3): 89-94.

[15] 王思明, 许明恒. 风力发电机转盘轴承微动磨损的试验研究[J]. 中国机械工程, 2011, 21(20): 2430-2433.

[16] 李助军, 张大童, 邵明. 硬度对钢蜗轮副用材料微动磨损特性的影响[J]. 润滑与密封, 2009, 34(9): 61-64.

[17] 刘兵, 何国求, 等. 60Si2Mn 钢的低周拉扭复合微动疲劳特性[J]. 材料研究学报, 2010, 24(1): 61-68.

[18]　张蕊,何国求.LZ50 车轴钢在复合微动条件下的研究[J].金属功能材料,2011,18(1):22-25.

[19]　胡殿印,王荣桥.NiTi 合金榫接结构微动疲劳研究及数值模拟[J].航空动力学报,2010,25(10):2188-2194.

[20]　陈雪,李明哲.多点成形冲头动态接触压力仿真分析[J].农业机械学报,2010,41(10):223-226.

[21]　李学通,杜凤山,等.四辊平整机轧制过程多体接触耦合变形有限元模拟[J].材料科学与工艺,2009,33(6):789-792.

[22]　杨存平.连杆衬套的开裂分析[J].理化检验(物理分册),2008,44:97-99.

[23]　张强.Ti6Al4V 合金扭动微动早期损伤行为研究[D].成都:西南交通大学,2010.

[24]　杨加军,等.过盈配合数值分析与优化设计[J].海军工程大学学报,2008,21(20):12-15.

[25]　曾飞,陈光雄,周仲荣.基于 ANSYS 的轮对过盈配合微动分析[J].机械工程学报,2011,5(3):121-125.

[26]　赵俊生,杜平.柴油机连杆衬套微动特性研究[J].机械强度,2015,37(2):146-150.

第7章　表面粗糙度对衬套润滑特性的影响

7.1　引　言

连杆小头活塞销-衬套是柴油机的主要摩擦副之一,在柴油机工作中起着重要的作用[1]。其要求是承载力大、结构紧凑、制造工艺好,并且有较好的互换性和方便维修等。同时,其工作条件相当恶劣,主要表现在以下几个方面[2]。

(1) 在内燃机运转中承受气体爆发压力以及活塞连杆组惯性力的作用,而且这些力都是周期变化的冲击性负荷,此时轴承的工作性能和可靠性严重影响着内燃机整机的工作性能。特别是近年来,内燃机日益向高速和大功率方向发展,相应地,对于轴承各个方面的性能要求也越来越高,即要求轴承在较小尺寸承受更高的载荷,在更薄的油膜的工况下能正常的工作,并达到预期的使用寿命。因此,深入研究内燃机轴承润滑问题,更加准确地预测和设计轴承性能,提高轴承工作的可靠性和使用寿命,对于提高内燃机整机工作的可靠性和延长使用寿命都具有十分重大的意义。

(2) 发动机的使用工况极其不稳定,转速、负荷经常变动,起动和停止频繁发生。一般发动机在起动后都需要充足的时间让润滑油流经发动机,如果起动后加速过快,则会出现轴瓦与曲轴相抱的结果,而后导致轴瓦擦伤。

(3) 随着发动机工作时间的增加,润滑油将会呈现泡沫状和雾化状,在100°左右的高温下不断被氧化变质,形成有机酸,对轴承合金内表面产生腐蚀作用,使轴瓦上形成密集的麻坑。此外,润滑油中机械杂质的逐渐积累,也会使轴承和轴径表面遭到磨损或擦伤。

活塞销上承受的载荷,无论大小和方向都随时间作周期性变化,与之配伍的衬套属于典型的动载滑动轴承。现代内燃机设计要求尽可能地提高输出功率、降低摩擦损失、降低油耗以及提高工作寿命和可靠性等,因此精确地分析、预测衬套的润滑性能,对于提高柴油机整机的寿命及可靠性具有十分重大的意义[1]。

纳维-斯托克斯(Navier-Stokes)方程是研究流体润滑的基本方程,但是它没有通解,使用时要进行简化。雷诺方程是润滑力学中最基本的方程之一,是对Navier-Stokes方程进行逐步的简化和假设得到的。该方程描述了流体油膜中压力与油膜厚度、黏度、密度及速度等参数的关系。从19世纪,人们开始对流体动压现象进行研究,对流体油膜产生动压的机理的认识已经趋于成熟,现代流体润滑理论已经得到长足的发展[3~5]。各种流体润滑计算的基本内容就是对雷诺方程进行应用和求解。

雷诺方程是二阶偏微分方程,最初人们依靠解析方法来求解,对其进行很多的简化才能获得近似解,因此这样的解有很大的误差。随着计算机技术的迅猛发展,有可能采取精确的方法对复杂的润滑问题进行数值计算[6~10]。另外,先进的测试技术使得在润滑现象的试验研究中能够进行深入、细致的观察,从而建立更加符合实际情况的物理模型。

雷诺方程、油膜几何方程、润滑剂黏度和密度方程、载荷方程组成的主导方程组是研究含油轴承润滑分析的基本方程。计算轴承的特性时,一般先由数学物理方程解出油膜压力分布与油膜厚度分布,然后积分求出承载力、摩擦力、流量等。

对于连杆小头轴承,衬套所受载荷的大小和方向随时间而变化,是时间的周期函数,属于动载径向滑动轴承。衬套工作时,在周期性外载荷的作用下,衬套的轴颈中心将作相应的周期性轨迹运动。轴承油膜压力分布的计算是对轴承润滑状况分析最基本的计算,在轴心的每一瞬时位置,外载荷均与油膜流体动压力相平衡[11]。

为了建立具有实用价值的分析计算的方法,对连杆衬套的润滑进行理论的分析计算之前,在后续讨论中对实际的衬套作以下的假设:

(1) 衬套的间隙中充满润滑介质,即轴承供油充分;

(2) 润滑油为牛顿流体,并且不可压缩;

(3) 衬套的轴线与活塞销的轴线平行;

(4) 衬套与活塞销是刚性体;

(5) 润滑过程中忽略润滑油温度变化的影响。

本章通过以上假设,结合平均流量模型和表面峰元接触理论,建立了分析连杆衬套润滑的理论模型和方法,探讨了考虑挤压效应的平均流量模型的求解方法;通过平均流量理论与峰元承载模型相结合,研究了同一连杆小头轴承在不同曲柄转速下,以及同一曲柄转速下不同表面粗糙度时的相关润滑特征,为柴油机连杆小头活塞销-衬套摩擦副结构设计提供参考。

7.2　平均流量模型及峰元接触理论

7.2.1　平均流量模型

对于柴油机连杆衬套,采用图 7.1 所示的运动关系,根据 Patir 等[12]针对等温条件下不可压缩流体三维粗糙表面的动压润滑问题以及流量相等的原理提出的平均流量模型,引入流量因子来表达表面粗糙度的影响,平均雷诺方程的形式如下:

$$\frac{\partial}{\partial x}\left(\Phi_x h^3 \frac{\partial p}{\partial x}\right)+\frac{\partial}{\partial y}\left(\Phi_y h^3 \frac{\partial p}{\partial y}\right)=6\eta u\left(\frac{\partial \overline{h}_T}{\partial x}+\sigma\frac{\partial \Phi_s}{\partial x}\right)+12\eta\frac{\partial \overline{h}_T}{\partial t} \quad (7.1)$$

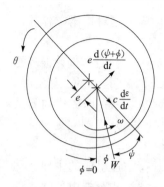

图 7.1　衬套运动示意图

式中，Φ_x、Φ_y 为压力流量因子；Φ_s 为剪切流量因子；σ 为表面粗糙度综合均方根值，μm；η 为润滑剂的黏度，$Pa \cdot s$；p 为流体压力，Pa；u 为轴径旋转的线速度，m/s；$\overline{h}_T$ 为实际油膜厚度的数学期望，m；h 为名义油膜厚度，m；t 为时间，s。

Φ_x、Φ_y 表示粗糙表面间平均压力流量与光滑表面间的压力流量之比。Φ_s 中考虑了两个粗糙表面相对滑动时产生的附加流量的影响。式(7.1)右端的第一项是润滑膜压力的动压效应，第二项表示了润滑膜的挤压效应，本部分研究工作将同时考虑动压效应和挤压效应对连杆衬套进行润滑分析，这是研究连杆衬套不同于其他动载轴承的重点和难点。

7.2.2　边界条件及初始条件

对于上述研究对象，有

$$h = c(1 + \varepsilon \cos\theta), \quad x = r\theta \tag{7.2}$$

式中，r、c 和 ε 分别为衬套半径、衬套半径间隙和偏心率。

计算时可以把式(7.2)代入(7.1)中，其边界条件如下。

周期性边界条件：$p|_{\theta=0} = p|_{\theta=2\pi}$。

对称性边界条件：$\left.\dfrac{\partial p}{\partial y}\right|_{y=B/2} = 0$。

端面边界条件：$p|_{y=0} = p|_{y=B} = 0$。

油膜破裂边界条件：$\left.\dfrac{\partial p}{\partial \theta}\right|_{\theta=\theta_t} = 0, p|_{\theta=\theta_t} = 0$。

式中，B 为衬套宽度；θ_t 为油膜破裂的位置。

7.2.3　流量因子的计算

假设 $H = h/\sigma$，图 7.2 为压力流量因子与膜厚的关系图，图中 γ 称为表面方向参数。它表征着表面粗糙度的条纹方向，形象地表示着表面峰元接触的长宽比，当 $\gamma > 1$ 时表示纵向粗糙条纹，当 $\gamma < 1$ 时表示横向粗糙条纹，而当表面形貌参数 $\gamma = 1$ 时，即为各向同性的粗糙表面。根据经验公式，有

$$\Phi_x = \Phi_y = 1 - 0.9\exp(-0.56H) \tag{7.3}$$

$$\Phi_s = \begin{cases} 1.899H^{0.98}\exp(-0.92H + 0.05H^2), & H \leqslant 5 \\ 1.126\exp(-0.25H), & H > 5 \end{cases} \tag{7.4}$$

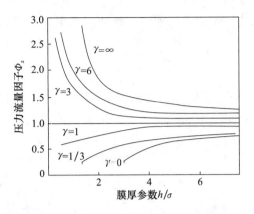

图 7.2　压力流量因子与膜厚的关系图

7.2.4　峰元承载模型

衬套的表面粗糙度与运动过程中的最小油膜厚度属于同一数量级,所以考虑到衬套表面峰元在润滑过程中可能有接触,要承担一部分的载荷,根据 Greenwood 和 Tripp 理论[13],峰元的承载量为

$$W_A = \left(\frac{16\sqrt{2}}{15}\right)\pi(\eta\beta\sigma)^2 E'\sqrt{\frac{\sigma}{\beta}} A F_{5/2}(H) \tag{7.5}$$

实际接触面积为

$$A = \pi^2(\eta\beta\sigma)^2 A F_2(H) \tag{7.6}$$

式中,η 为粗糙表面的峰元密度;β 为峰元曲率半径,在分析中 $\eta\beta\sigma$ 和 σ/β 分别取 0.05、0.0001;E' 为综合杨氏模量;A 为名义接触面积。式(7.5)和式(7.6)中 $F_{5/2}$ 和 F_2 的计算公式为

$$F_{5/2}(H) = \begin{cases} 2.134\times10^{-4}\{3.804\ln(4-H)+1.34[\ln(4-H)]^2\}, & H\leqslant3.5 \\ 1.12\times10^{-4}(4-H)^{1.9447}, & 3.5<H\leqslant4 \\ 0, & H>4 \end{cases}$$

$$F_2(H) = \begin{cases} 1.705\times10^{-4}\{4.504\ln(4-H)+1.37[\ln(4-H)]^2\}, & H\leqslant3.5 \\ 8.8123\times10^{-5}(4-H)^{2.15}, & 3.5<H\leqslant4 \\ 0, & H>4 \end{cases}$$

由峰元作用产生的剪切应力为

$$\tau_A = \tau_0 + a W_A / A_c \tag{7.7}$$

式中,τ_0 为表面峰元剪切应力;a 为表面峰元剪切强度随压力的变化率。

7.2.5　载荷方程

通过对上述雷诺方程的求解可以得出压力分布,由于有峰元承载,衬套的外载

荷由两部分承担,其中一部分是油膜的承载 W_H,其值为油膜压力在承载面积上的积分,即

$$W_H = \iint p\,\mathrm{d}x\mathrm{d}y \tag{7.8}$$

根据上面的峰元承载公式求得表面峰元承载。但此时的承载量是通过初步假设的膜厚求出的,为了求得更准确的膜厚和压力分布,需要把假设求得的总载荷与实际计算出的外载荷加以比较来调整膜厚,即当油膜承载与峰元承载之和与外载荷平衡时,所求得的膜厚为衬套工作中的实际膜厚,载荷平衡方程为

$$W_{外} = W_H + W_A \tag{7.9}$$

式中,$W_{外} = \sqrt{F_x^2 + F_y^2}$,是根据衬套运动和受力求得的外载荷;$W_H$ 为油膜承载。这个条件用来判断计算程序是否可以停止,当 $W_{外} - (W_H + W_A) \leqslant \xi$($\xi$ 为一个很小的数)时,可以停止计算输出膜厚和压力;否则就要重新调整假定的膜厚,继续计算直到满足上面的条件。

7.3　平均流量模型数值计算方法及结果分析

对于式(7.1)这样的偏微分方程,仅对于特殊的间隙形状才可能求得解析解,而对于复杂的几何形状和工况条件下的轴承润滑问题,是无法用解析法求得精确解的。

数值法将偏微分方程转化为代数方程组的变换方法的一般原则是:首先,将求解域分成有限个数的单元,并使每一个单元充分的微小,以至于可以认为在各单元内的未知量(如油膜压力 p)相等或依照线性变化,而不会造成很大的误差。然后,通过物理分析或数学变换方法,将求解的偏微分方程写成离散形式,即将其转化为一组线性代数方程。该代数方程组表示了各个单元的待求未知量与周围各单元未知量的关系。最后,根据 Gauss 消去法或者 Gauss-Seidel 迭代法求解代数方程组,从而求得整个求解域上的未知量。

求解雷诺方程最常用的方法是有限差分法、有限元法和边界元法,这些方法的共同点就是将求解域划分成许多个单元,但是每种方法的处理形式不同。在有限差分法和有限元法中,代替基本方程的函数在求解域内是近似的,但完全满足边界条件,而在边界元方法中所用到的函数在求解域内完全满足基本方程,但在边界上则近似满足边界条件。

7.3.1　有限差分法求解平均流量模型

应用有限差分法求解平均流量方程,有限差分法求解的方法和步骤简单介绍如下。

首先要将求解域划分为等距或不等距的网格,如图 7.3 所示。在 X 方向有 m

个节点，在 Y 方向有 n 个节点，这样整个求解域共有
$m \times n$ 个节点。网格划分的疏密程度是根据求解精度
的要求确定的。对于一般的润滑计算，若 m 取 12～25，
则 n 取 8～10 即可满足要求[14]。有时为了提高计算精
度，可在未知量变化剧烈的区段内细化网格，即采用两
种或几种不同间距的分格，或者采用按一定的比例递减
的分格方法。为了进一步提高精度，取 $m \times n = 50 \times 50$。

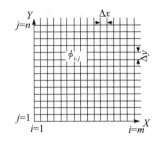

图 7.3　有限差分法离散
节点的划分

　　将求解域划分完网格之后，就要将平均流量模型离
散化。如果用 ϕ 表示为含有 x, y 的函数，即 $\phi(x, y)$，则
变量 ϕ 在整个域中的分布可以用各节点的 ϕ 值来表示，根据差分原理，任意节点
$O(x, y)$ 的一阶和二阶偏导数都可以由其周围节点的变量值来表示。

　　如图 7.4 所示，如果采用中差分公式，则变量 ϕ 在 $O(x, y)$ 点的偏导数为

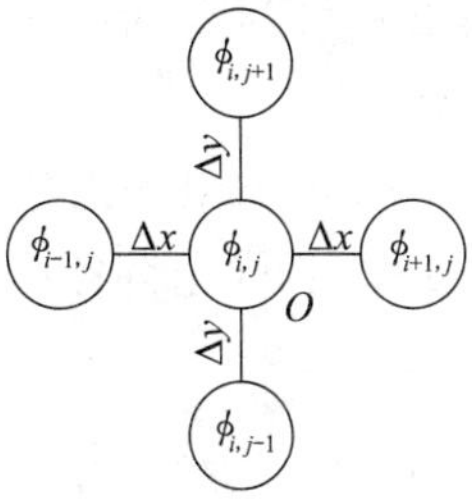

$$\left(\frac{\partial \phi}{\partial x}\right)_{i,j} = \frac{\phi_{i+1,j} - \phi_{i-1,j}}{2\Delta x}$$

$$\left(\frac{\partial \phi}{\partial y}\right)_{i,j} = \frac{\phi_{i,j+1} - \phi_{i,j-1}}{2\Delta y}$$

$$\left(\frac{\partial^2 \phi}{\partial x^2}\right)_{i,j} = \frac{\phi_{i+1,j} + \phi_{i-1,j} - 2\phi_{i,j}}{(\Delta x)^2}$$

$$\left(\frac{\partial^2 \phi}{\partial y^2}\right)_{i,j} = \frac{\phi_{i,j+1} + \phi_{i,j-1} - 2\phi_{i,j}}{(\Delta y)^2}$$

(7.10)

图 7.4　差分关系

　　在求解域的边界上根据计算要求也可采用前差分公式，即

$$\left(\frac{\partial \phi}{\partial x}\right)_{i,j} = \frac{\phi_{i+1,j} - \phi_{i,j}}{\Delta x}$$

$$\left(\frac{\partial \phi}{\partial y}\right)_{i,j} = \frac{\phi_{i,j+1} - \phi_{i,j}}{\Delta y}$$

(7.11)

在不同的情况下也可以采用后差分公式，即

$$\left(\frac{\partial \phi}{\partial x}\right)_{i,j} = \frac{\phi_{i,j} - \phi_{i-1,j}}{\Delta x}$$

$$\left(\frac{\partial \phi}{\partial y}\right)_{i,j} = \frac{\phi_{i,j} - \phi_{i,j-1}}{\Delta y}$$

(7.12)

　　书中对于离散过程就灵活地采用了上面的三种差分方法。此时，二维二阶偏
微分方程就可以表示为

$$A\frac{\partial^2 \phi}{\partial x^2} + B\frac{\partial^2 \phi}{\partial y^2} + C\frac{\partial \phi}{\partial x} + D\frac{\partial \phi}{\partial y} = E$$

(7.13)

式中，A, B, C, D, E 均为已知量。将这个方程应用到式(7.1)，并且将各节点的偏

导数用上述的三种差分方式代替,即可以求得各节点的变量 $\phi_{i,j}$ 与相邻各节点变量的关系。这种关系可以表示为

$$\phi_{i,j} = \alpha_1 \phi_{i+1,j} + \alpha_2 \phi_{i-1,j} + \alpha_3 \phi_{i,j+1} + \alpha_4 \phi_{i,j-1} + \alpha_5 \tag{7.14}$$

式中,$\alpha_1,\alpha_2,\alpha_3,\alpha_4,\alpha_5$ 是根据离散过程求出的已知量。

式(7.14)是有限差分的计算方程,对于每个节点都可以写出一个方程,而在边界上的节点变量都要满足边界条件,而边界条件是已知的。这样就可以将原来不易求解的式(7.1)转化为一组线性代数方程组,并且方程的数目和未知数的数目一致,然后采用有效的数学方法如消去法或迭代法来求解方程组。

7.3.2　方程求解过程及流程

对于式(7.1)的求解,可以根据研究对象的具体情况考虑润滑中的主要因素,忽略次要因素。在以往的动载研究中,有的假设轴承是无限长或无限宽,有的只考虑动压效应或挤压效应。如何来求解这样一个完整的方程,根据连杆衬套的一些特有的特点,吸取前人的解法经验推导出以下求解方法和步骤。

为了求得更多的润滑特征,首先就要对式(7.1)进行离散分解,再求出润滑油的压力分布。根据前面所讲的离散方法,对此方程的详细离散过程如下(先将各项分别求导,再离散)。

方程左边整理如下:

$$\frac{\partial}{\partial x}\left(\Phi_x h^3 \frac{\partial p}{\partial x}\right) = \Phi_x h^3 \frac{\partial^2 p}{\partial x^2} + \Phi_x \frac{\partial p}{\partial x} \cdot 3h^2 \frac{\partial h}{\partial x} + h^3 \frac{\partial p}{\partial x} \frac{\partial \Phi_x}{\partial x}$$

$$= \Phi_x h^3 \frac{p_{i+1,j} + p_{i-1,j} - 2p_{i,j}}{(\Delta x)^2} + \Phi_x \frac{p_{i+1,j} - p_{i-1,j}}{2\Delta x} \cdot 3h^2 \frac{h_{i+1,j} - h_{i-1,j}}{2\Delta x}$$

$$+ h^3 \frac{p_{i+1,j} - p_{i-1,j}}{2\Delta x} \frac{\Phi_{x(i+1,j)} - \Phi_{x(i-1,j)}}{2\Delta x} \tag{7.15}$$

$$\frac{\partial}{\partial y}\left(\Phi_y h^3 \frac{\partial p}{\partial y}\right) = \Phi_y h^3 \frac{\partial^2 p}{\partial y^2} + \Phi_y \frac{\partial p}{\partial y} \cdot 3h^2 \frac{\partial h}{\partial y} + h^3 \frac{\partial p}{\partial y} \frac{\partial \Phi_y}{\partial y}$$

$$= \Phi_y h^3 \frac{p_{i,j+1} + p_{i,j-1} - 2p_{i,j}}{(\Delta y)^2} + \Phi_y \frac{p_{i,j+1} - p_{i,j-1}}{2\Delta y} \cdot 3h^2 \frac{h_{i,j+1} - h_{i,j-1}}{2\Delta y}$$

$$+ h^3 \frac{p_{i,j+1} - p_{i,j-1}}{2\Delta y} \frac{\Phi_{y(i,j+1)} - \Phi_{y(i,j-1)}}{2\Delta y} \tag{7.16}$$

方程右边离散整理如下:

$$6\eta u\left(\frac{\partial \bar{h}_T}{\partial x} + \sigma \frac{\partial \Phi_s}{\partial x}\right) = 6\eta u\left(\frac{\bar{h}_{T(i+1,j)} - \bar{h}_{T(i-1,j)}}{2\Delta x} + \sigma \frac{\Phi_{s(i+1,j)} - \Phi_{s(i-1,j)}}{2\Delta x}\right) \tag{7.17}$$

$$12\eta \frac{\partial \bar{h}_T}{\partial t} = 12\eta \frac{\bar{h}_T(n+1) - \bar{h}_T(n)}{\Delta t} \tag{7.18}$$

将式(7.15)和式(7.16)代入式(7.1)并整理,得出如下方程组:

$$
\begin{cases}
a_{i,j}p_{i+1,j}+b_{i,j}p_{i,j+1}+c_{i,j}p_{i-1,j}+d_{i,j}p_{i,j-1}-e_{i,j}p_{i,j}=f_{i,j} \\[4pt]
a_{i,j}=[\varPhi_{x(i,j)}h_{i,j}^3+0.75\varPhi_{x(i,j)}h_{i,j}^2(h_{i+1,j}-h_{i-1,j}) \\
\qquad\quad +0.25h_{i,j}^3(\varPhi_{x(i+1,j)}-\varPhi_{x(i-1,j)})]/(\Delta x)^2 \\[4pt]
b_{i,j}=[\varPhi_{y(i,j)}h_{i,j}^3+0.75\varPhi_{y(i,j)}h_{i,j}^2(h_{i,j+1}-h_{i,j-1}) \\
\qquad\quad +0.25h_{i,j}^3(\varPhi_{y(i,j+1)}-\varPhi_{y(i,j-1)})]/(\Delta y)^2 \\[4pt]
c_{i,j}=[\varPhi_{x(i,j)}h_{i,j}^3-0.75\varPhi_{x(i,j)}h_{i,j}^2(h_{i+1,j}-h_{i-1,j}) \\
\qquad\quad -0.25h_{i,j}^3(\varPhi_{x(i+1,j)}-\varPhi_{x(i-1,j)})]/(\Delta x)^2 \\[4pt]
d_{i,j}=[\varPhi_{y(i,j)}h_{i,j}^3-0.75\varPhi_{y(i,j)}h_{i,j}^2(h_{i,j+1}-h_{i,j-1}) \\
\qquad\quad -0.25h_{i,j}^3(\varPhi_{y(i,j+1)}-\varPhi_{y(i,j-1)})]/(\Delta y)^2 \\[4pt]
e_{i,j}=2h_{i,j}^3\varPhi_{x(i,j)}/(\Delta x)^2+2h_{i,j}^3\varPhi_{y(i,j)}/(\Delta y)^2 \\[4pt]
f_{i,j}=3\eta U^{(k)}[(h_{i+1,j}-h_{i-1,j})/\Delta x+\sigma(\varPhi_{s(i+1,j)}-\varPhi_{s(i-1,j)})/\Delta x] \\
\qquad\quad +12\eta(\bar{h}_T^{(k+1)}-\bar{h}_T^{(k)})/\Delta t
\end{cases}
\tag{7.19}
$$

对式(7.1)的求解经过离散就变成了对方程组(7.19)的求解,求解的最后结果是要把压力分布即 $p_{i,j}$ 求出,而在此方程组中还有其他未知量,所以此方程组还不能独立求解。将方程组(7.19)与前面的式(7.9)联立循环求解,并将式(7.9)作为求解的一个约束条件,再进行一些假设,就可以求出润滑油的压力分布。

在式(7.1)中既有 x,y 的函数,又有时间 t 的函数,其中 x,y 按轴承的尺寸来确定。连杆衬套的运动和受力随着曲柄轴承的转动作周期性变化,曲柄旋转两周,连杆衬套完成一个运动和受力周期。根据需要将该周期分为不同的时间段求解。为了保证求解精度,将曲柄转动 1° 所用的时间设定为时间间隔 Δt。

式(7.1)的解析解本应是连续的,但是目前来说求出的可能性不大。只能采取求解数值解方法。但同时它也是时间的函数,所以在求出的数值解中还是与时间有一定关系的,在方程中的 $\partial\bar{h}_T/\partial t$ 就反映出了膜厚随时间的变化。因此,只要时间间隔 Δt 选取合理,求出的数值解在一定程度上仍然能反映实际解。

求解式(7.1)采用的是有限差分法,具体求解思路如下。

(1) 划分网格。根据计算精度的需要,按照前述方法把轴承的 x,y 方向各分50 份,然后将式(7.1)进行离散,离散过程如式(7.15)~式(7.18),离散的结果如式(7.19)。

(2) 假设一个 ε_0。根据式(7.2)求得一组 h,令式(7.1)中所有对时间 t 的导数都为零,利用超松弛迭代法可以求出 t_0 时刻的油膜厚度 h_0 和 $\bar{h}_T^{(0)}$ 与压力 p_0 的分布。

(3) 修正 ε_0。具体做法是,把通过第(2)步假设的 ε_0 计算出的压力 p_0 在承载区域上进行积分,求出此时的油膜承载 W_H,同时求得峰元承载 W_{A0};以式(7.9)为

条件来调整 ε_0，使油膜和峰元承载与外载荷平衡，如果不满足条件，则要改变 ε_0 值，直到满足为止，输出此时的 ε_0，并计算此时的 $\bar{h}_0$ 作为下一时刻的初值。

（4）计算 $t_1 = t_0 + \Delta t$ 时刻的偏心率 ε_1 和油膜厚度矩阵 h_1。把 $\partial \bar{h}_1/\partial t = (\bar{h}_1 - \bar{h}_0)/\Delta t$ 代入式(7.1)的离散式(7.19)中进行计算，Δt 的计算方法在前面已经介绍，计算油膜厚度和压力分布的处理方式与 t_0 时刻的相同。经过数次的迭代修正得到 t_1 时刻的偏心率 ε_1、压力矩阵 p_1、名义油膜厚度矩阵 h_1 和 $\bar{h}_1$ 作为下一时刻的初值。

（5）重复第(3)和(4)步，直到发动机一个工作周期的油膜厚度和压力分布全部求出，计算结束。求解的流程如图 7.5 所示。

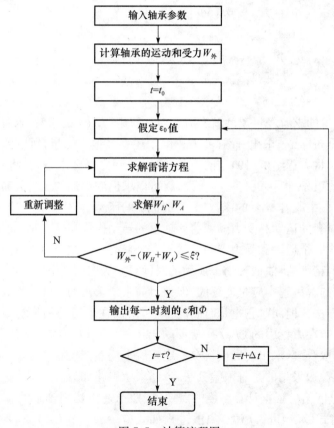

图 7.5　计算流程图

7.3.3　压力分布

根据上面介绍的计算方法来研究连杆衬套的压力分布，涉及参数见表 7.1。由于在一个周期内，每一时刻轴承的运动和受力是时刻变化的，所以每一时刻油膜的压力分布都有可能是不同的。按照前面的离散方法，把曲柄转动 $1°$ 作为一个时间间隔,每一个曲柄转速下就会得到 720 组压力分布,为此从每一个曲柄转速下任意选取三个时刻的压力分布作为代表,就可以大致了解润滑时的压力分布。图 7.6~图 7.8 分别为三种工况在不同时刻的油膜压力。

表 7.1　主要输入参数

参数	数值	参数	数值
连杆衬套宽度 B/mm	50	衬套及活塞销综合弹性模量 E/GPa	150
半径间隙 C/μm	40	表面峰元切应力 τ_0/Pa	2×10^6
衬套表面粗糙度综合均方根 R_q/μm	0.4	表面峰元剪切强度随压力的变化率 a	0.08
润滑油黏度 η/(Pa·s)	0.01		

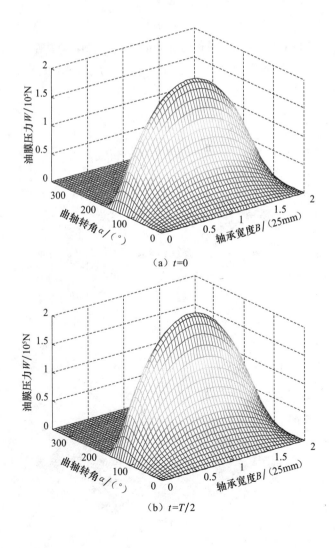

（a）$t=0$

（b）$t=T/2$

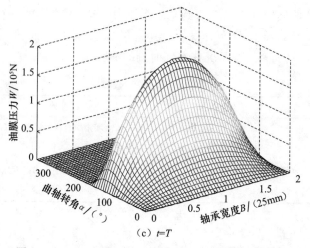

（c）$t=T$

图 7.6　$n=800\text{r/min}$ 的油膜压力（T 为曲轴转动周期）

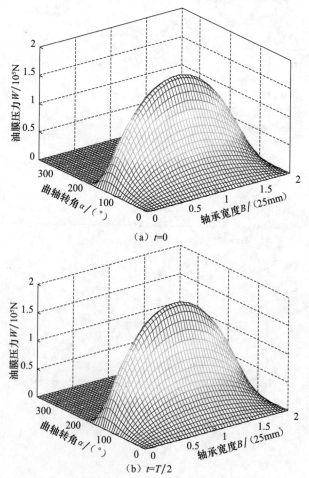

（a）$t=0$

（b）$t=T/2$

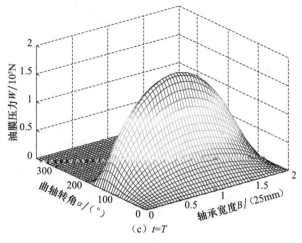

（c）$t=T$

图 7.7　$n=1500\mathrm{r/min}$ 的油膜压力（T 为曲轴转动周期）

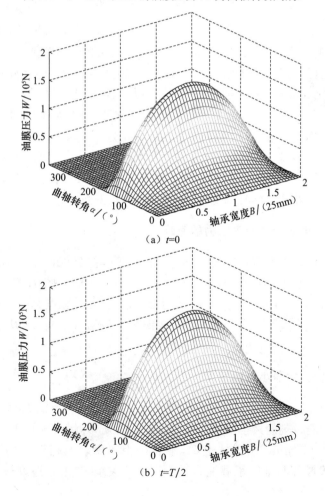

（a）$t=0$

（b）$t=T/2$

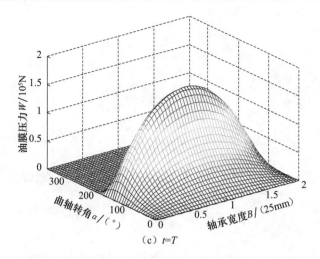

图 7.8　$n=2000\mathrm{r/min}$ 的油膜压力（T 为曲轴转动周期）

　　从任取的这三个时刻可以对油膜的压力分布有初步的了解，即使是同一速度下，各个时刻的压力分布也是不同的。$n=800\mathrm{r/min}$ 时，$t=0$ 和 $t=T$ 两个时刻的压力较小，并且压力分布比较平缓，$t=T/2$ 时刻的压力较大，而且分布较陡。同时分析 $n=1500\mathrm{r/min}$ 和 $n=2000\mathrm{r/min}$ 时的压力也会发现，压力分布有缓有急，油膜压力的大小和分布情况与衬套此时的受力是直接相关的，从前述衬套所受载荷的图中可以得出，$n=800\mathrm{r/min}$ 时，衬套受力主要决定于气缸压力，当 $t=T/2$ 时衬套的外载荷较大，需要较大的油膜压力来平衡，所以会得出上面的不同时刻的不同的压力分布图。同样，对于 $n=1500\mathrm{r/min}$ 和 $n=2000\mathrm{r/min}$ 时也是如此，油膜的压力会与衬套所受的外载一样时刻变化，并时刻与外载平衡。

7.3.4　油道宽度对最大油膜压力的影响

　　本节分别计算了油道宽度为 2mm、4mm、6mm，在 2000r/min 时的油膜压力分布，油道宽度为 2mm 的最大油膜压力为 $7.9028\times10^4\mathrm{N}$（图 7.9）。油道宽度为 4mm 的最大油膜压力为 $7.3499\times10^4\mathrm{N}$（图 7.10）。油道宽度为 6mm 的最大油膜压力为 $6.8325\times10^4\mathrm{N}$（图 7.11）。计算结果表明，随着油道宽度的增大，油膜承载能力下降。

7.3.5　不同时刻的最小油膜厚度

　　根据上面介绍的计算方法，分别计算出在一个周期内考虑表面粗糙度与不考虑粗糙度时不同时刻的最小油膜厚度，如图 7.12 所示，图中所取的表面粗糙度综合均方根 $R_q=0.4\mu\mathrm{m}$。从整体上看，不管是否考虑表面粗糙度的影响，每一时刻的最小油膜厚度与油膜承载能力有着很大的关系，当油膜厚度较小时，相对的

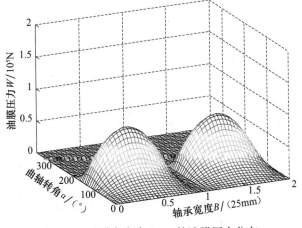

图 7.9　油道宽度为 2mm 的油膜压力分布

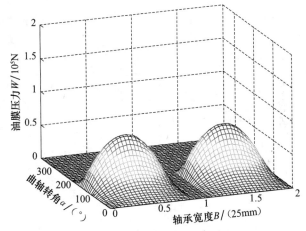

图 7.10　油道宽度为 4mm 的油膜压力分布

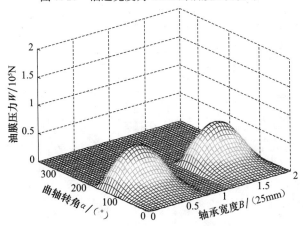

图 7.11　油道宽度为 6mm 的油膜压力分布

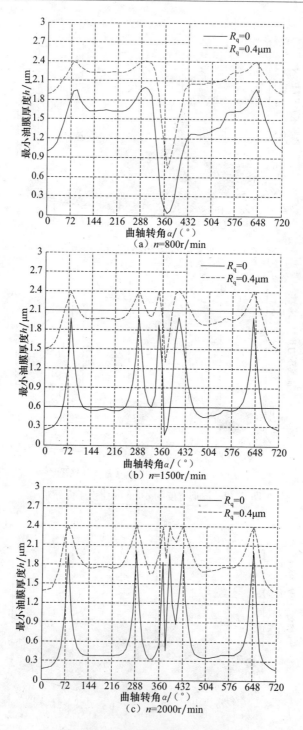

图 7.12　不同时刻的最小油膜厚度

承载就越大,两种情况下的最小油膜厚度有着相同的变化趋势。从图中还可以看出,考虑了粗糙度影响的最小油膜厚度比没有考虑时的油膜厚度要大,并且在油膜厚度越小时越明显。

由于在这三种转速下衬套的外载有很大的差别,所以求出的最小油膜厚度在一周期内的大小也有不同。通过对图 7.12(a)~(c)的比较可以看出,当 $n=$1500r/min 时最小膜厚基本大于 $1\mu m$,但有部分在 $1\mu m$ 以下;而在另两个转速下,光滑表面时一半在 $1\mu m$ 以下,考虑粗糙度时最小油膜厚度有所增大。这说明即使对于同一个发动机,不同转速下的最小油膜厚度也是不同的,受曲柄转速的影响。因此,在研究此衬套的润滑时要多考虑几组不同的曲柄转速。

7.4　连杆衬套润滑特性分析

7.4.1　承载特性

由于连杆衬套运动和受力的变化,连杆衬套在一个周期中所受到的外载荷有很大的差异,曲柄转速不同,衬套的受力也有所不同。当载荷增加到一定程度时,考虑到衬套表面的粗糙度,表面峰元就会发生部分接触,从而分担了部分的载荷。根据前述分析,在考虑了衬套表面粗糙度时,衬套所受到的外载荷就由两部分承担:一部分是油膜的承载;另一部分是当有峰元接触时的表面峰元的承载。这两部分的承载共同平衡衬套所受到的外载。

在一定的表面粗糙度下,根据前面的计算方法,可以计算出每一时刻表面峰元的承载情况。图 7.13 为三种曲柄转速下的承载组成,峰元的最大承载量分别达到了此时总载荷的 18.1%、3.5% 和 3.8%。从图中来看,表面峰元的承载在

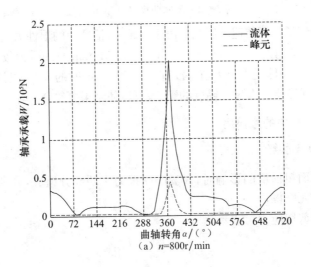

(a) n=800r/min

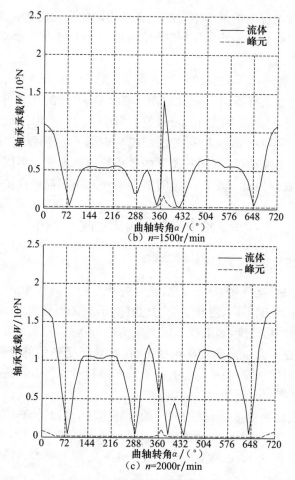

图 7.13　不同曲柄转速下的承载

一定程度上受到了曲柄转速的影响。由于 n 越大,活塞组的惯性力越大,对衬套的受力影响也就越大,所以当 $n=1500\text{r}/\text{min}$ 和 $n=2000\text{r}/\text{min}$ 时的受力较为复杂,承载图也复杂,但两者的整体受力最大值并没有 $n=800\text{r}/\text{min}$ 时的大,所以计算出的峰元承载所占的比例比较小。考虑粗糙度的影响,可以使结果更符合实际。

7.4.2　润滑过程中的摩擦力

1. 摩擦力及求解

当考虑表面粗糙度的影响时,衬套的摩擦力由两部分组成,分别是流体黏性摩擦力和表面峰元摩擦力。

流体黏性剪切应力可表示为

$$F_H = \int_0^b \int_0^t \bar{\tau} \mathrm{d}x\mathrm{d}y \tag{7.20}$$

$$\bar{\tau} = \frac{\mu(U_2 - U_1)}{h}(\phi_f + \phi_{fs}) + \phi_{fp}\frac{h}{2}\frac{\partial \bar{p}}{\partial x} \tag{7.21}$$

式中，$\phi_f = hE\left(\dfrac{1}{h_t}\right)$；$\phi_{fp} = 1 - De^{-sH}$；$\phi_{fs} = A_3 H^{a_4} e^{-a_5 H + a_6 H^2}$。式(7.21)中的各项可参照 Patir 和 Cheng 的经验公式来计算。

当表面峰元发生接触时，峰元的剪切应力为

$$\tau_A = \tau_0 + ap_c$$

式中，τ_0 为表面峰元剪切应力；a 为表面峰元剪切强度随压力的变化率。

将 τ_A 在整个实际接触面积上积分即可得到峰元摩擦力 F_A 为

$$F_A = \tau_0 A_c + aW_A \tag{7.22}$$

则衬套所受的总摩擦力为 $F = F_H + F_A$。

整体求解思想就是把连续的方程离散化，把只有在特殊条件下才能求解的微分或积分方程转化为在一般条件下就可求解的离散形式，对于求摩擦力的方程也不例外。求流体摩擦力时，首先根据前面介绍的离散方法把式(7.21)中 $\bar{\tau}$ 离散，求出每个离散点的值 $\bar{\tau}(i,j)$，然后根据式(7.20)的离散形式来求 F_H，即

$$F_H = \frac{(m-1)(n-1)}{mn}\sum_{i=1}^{m}\sum_{j=1}^{n}\bar{\tau}(i,j)\Delta x \Delta y \tag{7.23}$$

式中，m、n 为划分的网格节点数。用同样的方法也可以求得峰元摩擦力。

2. 结果分析

图 7.14 反映了三种曲柄转速下摩擦力的组成，总摩擦力由流体和峰元的摩擦力组成，并且在整个周期中呈动态性变化。可以看出，$n=800\text{r/min}$ 时，在峰元接触处的峰元摩擦力较流体摩擦力大，主要与峰元承载有关，而其他部分主要是流体摩擦力，润滑状况较好。当 $n=1500\text{r/min}$ 和 $n=2000\text{r/min}$ 时，峰元承载的变化较大，在一个周期内峰元多处承载，所以由峰元接触产生的摩擦力也多次出现，虽然有时数值不大，但也是总摩擦力的重要组成部分。

图 7.13 和图 7.14 反映了不同曲柄转速下，在考虑衬套表面粗糙度时的承载特性和摩擦力组成情况。虽然在 n 不同时情况各有不同，但它们还是有共同之处，即在曲柄转动一个周期的过程中，连杆衬套的润滑状态是时刻改变的，它不像一般的定载匀速的轴承最终达到稳态，但由于它的外载和运动是周期性的，所以它的润滑特性也是呈周期出现的。图 7.14 中所示就是它在一个周期内的润滑情况，当完成一个周期后衬套又回到了周期最初的状态。考虑衬套表面粗糙度时，计算出的膜厚较大，摩擦力在整个周期内由两部分组成，并且呈动态性变化。

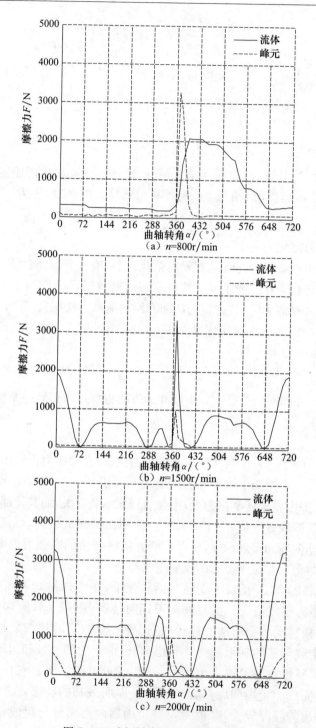

图 7.14　连杆衬套润滑时的摩擦力

7.5　表面粗糙度对润滑特性的影响

以上讨论的是在粗糙度相同的情况下,曲柄转速不同时衬套的润滑情况。那么当粗糙度不同时,对衬套的润滑会有怎样的影响? 结合图 7.1 所示的衬套运动示意图,下面将以曲柄转速 $n=1500\text{r/min}$ 为例,粗糙度 R_q 分别取 $0.4\mu\text{m}$、$0.6\mu\text{m}$、$0.8\mu\text{m}$ 来研究粗糙度对衬套润滑的影响。除粗糙度以外,其他参数以及计算方法仍然与前面相同。

7.5.1　表面粗糙度对表面峰元承载的影响

图 7.15 为衬套光滑表面和考虑粗糙表面时的承载特性。假设衬套表面为光滑,承载特性如图 7.15(a),此时衬套在工作过程中受到的外载全部由流体油膜承担。当考虑粗糙度对承载的影响时,从图 7.15(b)~(d)可以看出,衬套的外载由

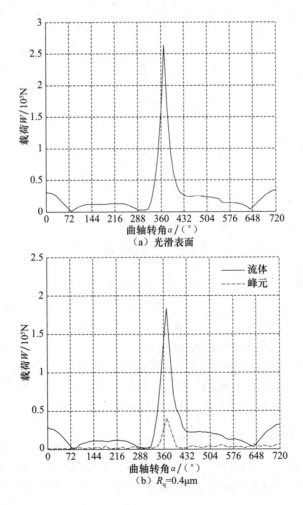

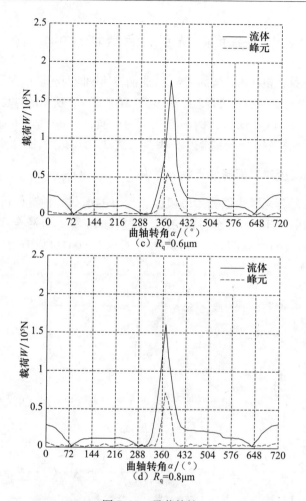

图 7.15　承载特性

油膜的承载和峰元的承载共同平衡。随着外载荷的增大,为了承受更大的载荷,油膜厚度就会变薄,当油膜厚度略小于表面粗糙度时就会有表面峰元的接触,从而承担了部分载荷。图 7.15(b)~(d)反映了随着表面粗糙度的增大,表面峰元的承载量也随之增大。$R_q=0.4\mu m$ 时,表面峰元承载的最大值为 39926N,占此时总载荷的 18.1%;当 $R_q=0.6\mu m$ 时,表面峰元承载的最大值为 55178N,占此时总载荷的 24.5%;当 $R_q=0.8\mu m$ 时,表面峰元承载的最大值达到 70827N,占此时总载荷的 31.8%,这时的峰元承担了相当大的一部分载荷。

7.5.2　表面粗糙度对膜厚比的影响

从图 7.15 的分析来看,粗糙度越大,承担的载荷也就越大,似乎可以减轻油膜承载的负担,有利于衬套的润滑,但事实并非如此。评价油膜润滑好坏的一个重要

参数——膜厚比 H 不容忽视,图 7.16 为这三种粗糙度下膜厚比的比较。在一定
范围内,通常认为,H 越大,润滑状态越好。从图中看到,随着粗糙度的增加,膜厚
比依次减小。$R_q=0.4\mu m$ 时的膜厚比大部分在 5~6 范围内,只有外载很大时在 3
以下;当 $R_q=0.6\mu m$ 时膜厚比大部分在 3~4 范围内,仅有一部分在 3 以下;而当
粗糙度增大到 $0.8\mu m$ 时,在一个周期内的膜厚比大部分都在 3 以下,润滑条件不
好。所以,为了让衬套有一个良好的润滑环境,应该在条件允许的情况下对表面粗
糙度予以控制。

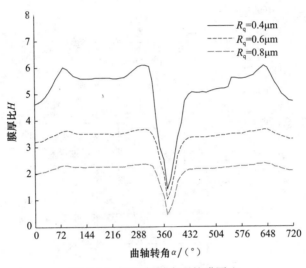

图 7.16　三种粗糙度下的膜厚比

7.5.3　表面粗糙度对峰元摩擦力的影响

粗糙度对摩擦力的影响主要体现在峰元摩擦力上。从图 7.17 可以看出,粗糙

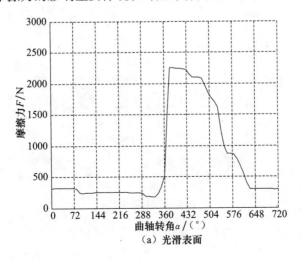

(a) 光滑表面

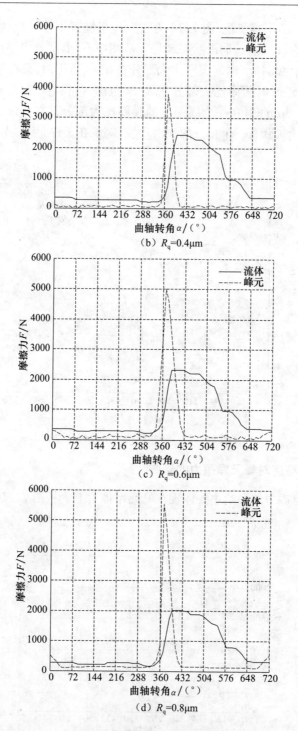

图 7.17　粗糙度对摩擦力的影响

度对流体摩擦力的影响不大。从图 7.17(b)～(d)中可以看出,在摩擦力的最大处峰元摩擦力都大于流体摩擦力,峰元摩擦力与峰元承载有直接的关系,即峰元摩擦力随着峰元承载的增大而增大,$R_q=0.4\mu m$ 时峰元摩擦力的最大值为 3782.6N,$R_q=0.6\mu m$ 时的最大值为 5006.6N,$R_q=0.8\mu m$ 时的最大值为 5336.1N。摩擦力随着粗糙度的增大而增大。

图 7.15～图 7.17 反映了表面粗糙度对衬套润滑的影响,这些特征其实是相互影响、相互联系的。

对于承载从整体上讲,随着粗糙度的增加,峰元承载也增加,这正好解释了随着粗糙度增加衬套润滑状况下降的原因。由于峰元的存在,一方面帮助润滑油承担了部分载荷(图 7.15);另一方面却因为固体表面接触过多而增加摩擦力(图 7.17),有可能导致衬套的磨损加速。

7.6　半径间隙对衬套润滑性能的影响

衬套间隙的大小对油膜的建立有很大影响。从尽量减少衬套的冲击和有利于建立油膜出发,希望间隙尽量小。但是,考虑衬套的发热时,过小的间隙又不利于衬套的散热。因此,半径间隙对衬套润滑的影响,应该权衡利弊,取相对合理的数值,既要有利于油膜的形成,又要考虑到其他方面的影响。

现假设衬套表面 $R_q=0.4\mu m$ 时,半径间隙 c 分别取 $20\mu m$、$30\mu m$、$40\mu m$、$50\mu m$、$60\mu m$、$80\mu m$,在其他条件不变的情况下研究半径间隙对衬套润滑的影响。图 7.18 为不同间隙下要平衡衬套外载所需的最小油膜厚度,以及不同间隙下油膜的最大承载。

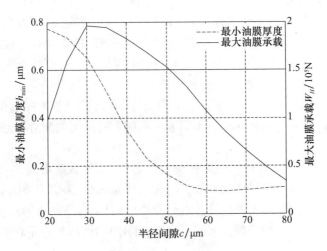

图 7.18　半径间隙与最小油膜厚度及最大油膜承载

从图 7.18 中看出,随着衬套间隙的增大,最小油膜厚度整体呈下降的趋势。并且在 $20\sim30\mu m$ 下降得不是很明显,半径间隙 c 取 $20\mu m$ 时的最小油膜厚度为 $0.76\mu m$,半径间隙 c 取 $80\mu m$ 时的最小油膜厚度为 $0.09\mu m$。半径间隙 c 在 $30\sim60\mu m$ 曲线下降变快,而在 $60\mu m$ 以后最小油膜厚度趋近于某一定值。从最小油膜厚度的角度分析,衬套间隙不能过大。

经过前面的分析可知,衬套受到的外载由油膜承载和峰元承载共同承担,那么衬套半径间隙的变化对衬套承载特性的影响就反映在图 7.18 上。图中的最大油膜承载随半径间隙的增大,先增大后减小。也就是说,当半径间隙增大到一定程度时,峰元承载达到极大值,对应于图中的半径间隙 $30\mu m$ 处。峰元承载增加就意味着峰元摩擦力增大,这对衬套润滑是不利的。

结合图 7.18 进行分析,要求润滑油的最小油膜厚度不能太小,并且峰元的承载不能过大,根据这个条件要寻求一个合适的半径间隙。通过比较发现,间隙为 $20\mu m$ 和 $30\mu m$ 时的最小油膜厚度比其他间隙下的油膜厚度要大,可以选为较佳的间隙,但是 $20\mu m$ 时的油膜承载要比 $30\mu m$ 时小得多,因此间隙为 $30\mu m$ 要优于 $20\mu m$,可以作为此衬套设计时的半径间隙。

7.7 小　　结

本章结合平均流量模型和表面峰元接触理论建立了分析连杆衬套润滑的理论模型和方法,探讨了考虑挤压效应的平均流量模型的求解方法,分析了曲柄转速分别为 $800r/min$、$1500r/min$、$2000r/min$ 时不同时刻的压力分布和一个周期内每一时刻的最小油膜厚度。每一时刻的压力分布各有不同,而最小油膜厚度的变化与外载有着直接的关系。当转速较大时,由于惯性力的影响大,外力变化大,从而表现出来的最小油膜厚度变化起伏较多;而当转速小时,最小油膜厚度的变化平缓,起伏较少。润滑油道宽度对活塞销-衬套间的油膜压力有着直接影响,油道宽度越大,最大油膜压力越小,油膜承载性能降低。

通过平均流量理论与峰元承载模型相结合,研究了同一连杆小头轴承在不同曲柄转速下,以及同一曲柄转速下不同表面粗糙度时的相关润滑特征,并得出如下结论。

(1) 由于考虑了连杆衬套表面粗糙度的影响,其外载荷由流体和表面峰元共同承担;摩擦力也由流体与峰元两部分组成。峰元承载、摩擦力等润滑特征的变化与外载有直接的关系,由于曲柄转速对衬套受力的影响,不同曲柄转速下的润滑特征差别很大,即使是在相同条件下同一衬套在不同的曲柄转速下的各个润滑特征也不相同。

(2) 不同粗糙度对衬套润滑的影响非常显著。在相同的运动情况下,粗糙度越大,衬套表面峰元承载越多,相应的峰元摩擦力越大。

(3) 粗糙度对衬套润滑的影响还反映在对润滑油的最小膜厚比的影响。表面粗糙度越大,最小膜厚比越小,相对来说,衬套的润滑状况越差。$R_q = 0.4 \mu m$ 时的衬套润滑性能最好,$0.6 \mu m$ 时的次之,$0.8 \mu m$ 时的最差。

(4) 不同的衬套间隙对衬套润滑的影响是不同的。通过半径间隙对最小油膜厚度和最大油膜承载影响的分析比较发现,在所选的一组间隙中,$30 \mu m$ 最利于衬套的润滑。

参 考 文 献

[1] 李柱国. 内燃机滑动轴承[M]. 上海:上海交通大学出版社,2003.

[2] Liu K, Liu X J, Gui C L. Scuffing failure analysis and experimental simulation of piston ring-cylinder liner[J]. Tribology Letters,1998,5:309-312.

[3] 易圣先,赵俊生,殷琼. 浮环轴承结构参数对其动态特性的影响[J]. 轴承,2014,(3):26-30.

[4] 易圣先,赵俊生,殷琼. 结构参数对浮环轴承动态特性的影响研究[J]. 工程设计学报,2013,20(6):512-516.

[5] Zhao J S, Hu L P. Vibration internal characteristics research on the turbocharger Rotor [J]. Advanced Materials Research,2012,516:709-713.

[6] 王晓力,温诗铸,桂长林. 动载轴承的非稳态热流体动力润滑分析[J]. 清华大学学报,1999,39(8):30-33.

[7] 牛荣军,黄平. 粗糙表面塑性变形对弹流润滑性能的影响[J]. 润滑与密封,2006,(6):20-23.

[8] 高明,龙劲松. 动载滑动轴承轴心轨迹计算模拟中 Holland 方法的改进[J]. 西南交通大学学报(自然科学版),1997,32(3):295-297.

[9] 裘祖干,张长松. 动载径向粗糙轴承分析[J]. 内燃机学报,1993,11(2):159-164.

[10] 王晓力. 计入表面粗糙度效应的动载轴承的润滑分析[J]. 机械工程学报,2000,36(1):27-31.

[11] 任俊,刘小君,等. 发动机连杆小头轴承的润滑研究[J]. 合肥工业大学学报(自然科学版),2008,31(3):347-351.

[12] Patir N,Cheng H S. An average flow model for determining effects of three dimensional roughness on partial hydrodynamic lubrication[J]. ASME Journal of Lubrication Technology,1978,100:12-17.

[13] Naduvinamani N B, Hiremath P S, Gurubasavaraj G. Surface roughness effects in the short porous journal bearing with a couple stress fluid[J]. Fluid Dynamics Research,2002,31(5):333-354.

[14] 温诗铸,黄平. 摩擦学原理[M]. 北京:清华大学出版社,1990.

第 8 章　强力旋压连杆衬套摩擦磨损模拟试验

8.1　引　　言

通过对锡青铜(QSn7-0.2)材料强力挤压或旋压成形,能够使材料的强度大幅度提高,通过控制退火温度,可以获得良好的综合力学性能。这种衬套材料强度高、综合力学性能好、承载能力大,可以满足大功率高强化柴油机的使用要求[1]。近年来,随着动载滑动轴承流体润滑理论的不断完善,以及润滑油和轴承材料的研究改进,轴瓦的各种非正常失效逐渐减少,疲劳磨损失效上升为主导地位[2]。

轴承磨损寿命[3]的研究主要涉及磨损机理的理论研究,以及磨损过程中相互运动的两摩擦表面各磨损相关参数的试验研究。由于目前还没有公认的磨损理论,试验技术各具特点。

为解决现有技术所存在的不足,依据模拟磨损试验应遵循系统关联准则、温度场相似准则、极限准则、磨损试验模拟性判断标准,以实际发动机摆动摩擦副活塞销-衬套为测试对象,急需设计一种具有新型结构,可调整载荷幅值、转速、加载频率,可模拟发动机的不同工况,可测量发动机不同型号的摆动摩擦副的摩擦磨损特性试验台,为发动机摆动摩擦副的研发提供有效的手段和方法。本章针对柴油机连杆衬套-活塞销摩擦副,根据磨损试验的要求提出了模拟试验装置的基本构思。根据实际工况下连杆活塞的工作原理确定了摩擦磨损试验装置的总体结构,并对具体结构和主要技术参数进行了分析研究,研制了能够满足模拟连杆衬套实际工况的试验装置[4,5]。在此基础上,针对锡青铜强力旋压连杆衬套进行了摩擦磨损试验,分析了影响衬套摩擦磨损特性的影响因素,为柴油机连杆衬套的摩擦学设计提供参考。

8.2　连杆衬套摩擦磨损模拟试验台研制

8.2.1　试验装置的设计原则

为了考察活塞销与强力旋压连杆衬套之间的摩擦磨损润滑特性,试验台主要针对活塞销-连杆衬套进行摩擦磨损模拟试验,应包含以下功能:

（1）不同配合间隙对摩擦磨损特性的影响规律；

（2）润滑油量对摩擦副润滑磨损特性的影响规律（集油孔、油槽）；

（3）载荷、加载频率、相对滑动速度、润滑油温度等摩擦学特性参数对摩擦磨损润滑特性的影响规律；

（4）活塞销和衬套材料、结构尺寸（宽径比）、表面处理状态对摩擦磨损润滑特性的影响规律。

采用材料及配合尺寸公差与实际一致的真实摩擦副零件模拟实际工况，摩擦副运动、接触方式与实际工况一致，能实现摩擦副相对摆动。活塞销两端施加载荷，实现周期性动态加载，加载频率与实际工况一致，最大载荷与爆压计算值一致；满足飞溅润滑条件，滴油润滑，控制滴油流量和频率。

控制部分按一定的试验程序控制试验机完成预定目的测试，具体包括转速控制、加载控制、润滑油量控制、试验条件控制（如冷却、升温等）及试验过程控制等。计算机数据采集与处理系统，可对载荷、速度、润滑、温度等试验参数进行实时监控和测量，测试数据及计算结果能够以表格或曲线形式进行存储或打印输出，便于后期的数据处理分析。试验台可测以下内容：

（1）在不同工况条件下，可以测量活塞销-衬套间摩擦力矩（N/m）；

（2）间隙、润滑、载荷、转速等对磨损量的影响大小；

（3）可以在润滑油中加入添加剂（如 Fe_2O_3），查看对磨损量的影响；

（4）润滑油压力、流量对磨损量的影响；

（5）不同衬套材料对比磨损试验。

8.2.2　试验台研制

基于以上原则，采用系统关联准则、相似准则、极限准则，根据柴油机连杆衬套被测试件，进行了运动学和动力学分析及相似设计，研发了一种摆动摩擦副摩擦磨损模拟试验台。

试验台由变频电机驱动的四连杆机构模拟发动机连杆的摆动，可实现不同转速的控制，液压加载系统模拟发动机不同的爆发压力；能够考虑不同型号发动机、不同工况的因素对摩擦材料性能的影响，可提高与台架试验数据的可比性水平，通过摆动摩擦副的模拟试验反映台架试验的结果。图 8.1 为研发的摆动摩擦副（活塞销-衬套）模拟摩擦润滑试验台。试验装置由摆动机构、液压加载系统、摩擦副润滑系统、控制系统四大部分组成。摆动机构实现活塞销、衬套的相对摆动；液压加载系统模拟发动机周期爆发压力；摩擦副润滑系统模拟柴油机活塞销-衬套摩擦副的飞溅润滑；载荷、转速、频率的控制通过控制系统实现，同时完成数据采集、处理与存储、试验曲线的显示及打印。

图 8.1　试验装置总体结构外观

所研发的摆动摩擦副摩擦磨损模拟试验台主要技术参数如下。

（1）加载方式：液压动载。

（2）主轴转速：0～1400r/min，变频调速。

（3）主电机功率：15kW。

（4）最大摩擦力矩：390N·m。

（5）轴承上所受的最大试验载荷：200kN。

（6）最大加载频率：15Hz。

（7）运动形式：摆动摩擦。

（8）摆动幅度：±15°。

（9）试验轴承油箱最大温度：80℃。

（10）润滑间隔的最大可控范围：6min。

1. 摆动机构

试验台摆动机构以内燃机曲柄连杆机构中连杆小头活塞销-衬套摩擦副为原型，依据相似性准则进行设计，机构组成如图 8.2 所示。

主轴驱动装置由驱动电动机、联轴器、传动轴、深沟球轴承、传动轴承座与转速传感器组成；驱动变频电动机轴通过联轴器与传动轴的一端同轴相连，传动轴的另一端定位于传动轴承座内，传动轴承座固定在机架工作台上；转速传感器与电动机轴或传动轴连接。

摩擦副模拟摆动机构由传动轴、曲轴、连杆、滚针轴承、摇臂、销、调心轴承、旋转体、轴承、轴承座、被测摩擦副零件滑动轴承、活塞销及扭矩测量装置组成；曲轴固定在传动轴上，连杆的一端与曲轴通过滚针轴承配合连接，另一端通过销与摇臂相连，摇臂固定于旋转体上；被测摩擦副零件滑动轴承冷缩配合装于旋转体内，旋转体内嵌在调心轴承内，活塞销穿过被测摩擦副零件滑动轴承，该活塞销两端安装轴承，并装在两端的轴承座中，轴承座固定在机架工作台上。

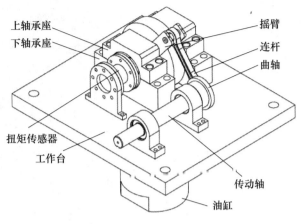

图 8.2　摆动机构三维视图

　　为了便于安装和拆卸,轴承座采用了剖分结构,并且由于采用在轴承外径的中部设置凹槽与轴承座配合来定位轴承的轴向位置,而不是采用两端定位,所以轴承的长度和内径可调,在试验中可以更换安装长颈比为 0.5～1.75 的滑动轴承。

　　扭矩测量装置由支架、扭矩传感器、转接件组成;扭矩传感器与转接件、活塞销同轴,通过螺栓压紧接触,扭矩传感器与支架相连接,支架固定在机架工作台上。

2. 液压加载系统

　　常用的加载方式有机械式、液压式和电磁式三种。机械式加载又可分为杠杆加载、弹簧加载和重物直接加载或以上三种加载形式的组合,杠杆加载和重物直接加载系统的结构简单,载荷稳定,不存在负荷保持的问题,加载精度高,但当摩擦副运动不稳定时会引起振动和冲击;弹簧加载产生的振动比较小,但是弹簧加载的精度不高,难于实现负荷精确调整。液压式加载包括动压加载和静压加载两种,液压加载很难保持负荷稳定。电磁式加载易于实现负荷的自动控制,但其缺点是控制部分的成本较高,而且在已有摩擦磨损试验机上使用还比较少。

　　为了模拟柴油机活塞销对连杆-衬套的爆发压力,并能实现周期性的加载,试验装置采用液压加载技术。液压控制系统由液压驱动电机、油箱、空滤器、蓄能器、恒压变量柱塞泵、风冷器、管路过滤器、插装减压阀、插装溢流阀、伺服阀组成。油箱、液压驱动电机、蓄能器、恒压变量柱塞泵固定在液压控制系统底座上,风冷器、管路过滤器、插装减压阀、插装溢流阀固定在油箱上,伺服阀固定在油缸上。液压加载系统原理图如图 8.3 所示。

　　油箱上安装有液位计,用于监控油箱油量,油箱底部装有低压球阀可进行油箱排污清理。油箱进气口(进油口)装有空气过滤器。电机通过泵套/联轴器与恒压变量柱塞泵相连,恒压变量柱塞泵进油口通过可挠接头、低压球阀与油箱相连。

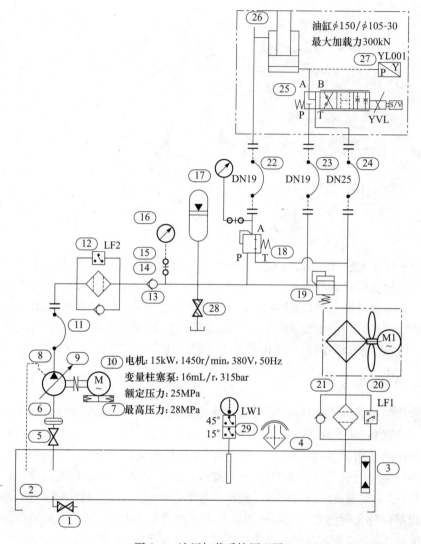

图 8.3　液压加载系统原理图

1、5. 低压球阀；2. 油箱；3. 液位计；4. 空滤器；6. 可挠接头；7. 减震垫；8. 恒压变量柱塞泵；
9. 泵套/联轴器；10. 变频电机；11、22、23. 高压胶管；12. 高压滤油器；13. 单向阀；14. 测压接头；
15. 测压软管；16. 压力表；17. 蓄能器；18. 减压阀；19. 制动溢流阀；20. 风冷器；21. 回滤；
24. 低压胶管；25. 伺服阀；26. 加载缸；27. 压力传感器；28. 截止阀；29. 温度继电器

电机底角安装减震垫以抑制电机振动。恒压变量柱塞泵泵油出口通过高压胶管送往高压滤油器对高压油过滤后，通过单向阀送往蓄能器，以保证系统正常压力，进行压缩能与压力的相互转换。蓄能器进油管通过测压接头、测压软管安装压力表以进行油管压力的监控。截止阀安装在蓄能器底端用于蓄能器的排油清理。油路经减压阀使出口压力低于进口压力，并使出口压力自动保持稳定，然后通过高压胶管向油缸供油。在减压阀与油缸的中间通过测压接头、测压软管也装有压力表以测量油缸的进油压力。油路的另一部分通过高压胶管与伺服阀相连,通过伺服阀控制油缸向加载块提供周期加载力。伺服阀的回油管路通过低压胶管经风冷器冷却后流回油箱。同时,制动溢流阀维持阀进口压力于恒定,系统多余油量与伺服阀及减压阀的回油汇集后流回油箱。在油箱上还安装有双金属温度计向控制系统反馈温度信息,计算机控制系统自动通过温度继电器对风冷器实施控制。

液压系统主要技术参数如下。

(1) 油缸直径:$\phi150/\phi105-30$。

(2) 最大加载力:300kN。

(3) 电机:15kW,1450r/min,380V,50Hz。

(4) 变量柱塞泵:16mL/r,315bar。

(5) 系统最高工作压力:28MPa。

(6) 系统额定工作压力:25MPa。

(7) 系统最大工作流量:23.2L/min。

(8) 电磁阀及用电元件控制电压:DC 24V。

(9) 系统使用传动介质:N46 抗磨液压油。

(10) 系统正常工作油温范围:20～55℃。

3. 润滑系统

为了模拟柴油机连杆小头轴承的润滑条件,在与衬套过盈配合的旋转体上开设集油孔,并与衬套油槽相连通,采用 QRZE 型自润滑装置进行润滑油的供给。试验时,电机驱动齿轮泵工作,经过滤油器吸入润滑油剂,从出油口向主油路输送压力油剂,当主油路的油压达到溢流阀额定压力 2.0MPa 时,多余油剂经溢流阀流回油箱。这期间压力开关的触点切换,给控制器输入一个电压信号,则润滑泵运行到控制器设计时间后停机,然后进入控制器设定的间歇时间,开始循环工作,供油时间间隔可调。

4. 控制系统

计算机控制系统主要由工业计算机、PLC、数据采集和液压系统组成。控制系统应用分散控制方式,人机交互方便;采用数字化通信技术,其特点是数据处理迅速,集中显示操作,通用性强,系统组态灵活;控制系统分散化提高了运行的安全可靠性。图 8.4 为试验台数据采集及计算机控制系统原理框图。

(1) 工业计算机主要完成人机界面信息处理、数据输入和输出、状态显示、数据处理等功能,它与 PLC 通过 RS485 总线连接,从而实现相互间的通信。

(2) 数据采集系统实现数据采集和处理,实时采集主轴转速、摩擦扭矩、油缸压力、油箱油温的信号,并在计算机中显示相应变量的曲线,通过 EaziDAQ 2.0 数

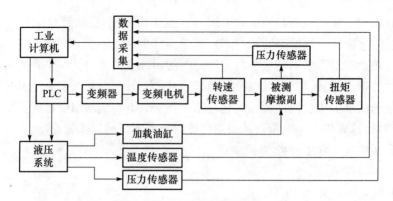

图 8.4　试验台数据采集及计算机控制系统原理框图

据采集软件处理后以不同颜色曲线进行显示。

（3）PLC 通过 RS485 总线与变频器连接，实现对变频电机的起动、停止控制，以及根据采集的转速信号控制加载频率。

（4）液压系统用来对被测摩擦副载荷施加载荷，而且载荷幅值可调。

（5）为了提高工作效率，防止液压系统中油的温度太高，在液压系统的设计中增加了风冷却装置。在试验过程中，一直保持冷却装置运行，在很大程度上延长了试验时间。

8.3　连杆衬套摩擦特性试验

8.3.1　试验方案

1. 试验内容

1）不同载荷、转速（频率）试验

试验工况：正常供油，稳定运转。

润滑油牌号：4652D 机油。

衬套宽度：50mm。

活塞销-衬套配合间隙：0.1mm。

载荷：120kN、110kN、100kN、80kN、60kN。

转速（加载频率）：240r/min（4Hz）、300r/min（5Hz）、360r/min（6Hz）、420r/min（7Hz）、480r/min（8Hz）。

2）不同衬套规格试验

衬套宽度尺寸分别减小 2mm（48mm）、4mm（46mm）、6mm（44mm），重复上述试验。

3）不同配合间隙试验

加工非标摩擦副，对不同配合间隙的摩擦副（衬套、活塞销）进行摩擦试验，配合间隙分别为 0.1mm、0.2mm、0.3mm。

2. 测试原理

摩擦系数的测定通过测量摩擦扭矩再由计算而得。摆动摩擦副之间的摩擦扭矩 T 与摩擦系数 μ 存在下述关系：

$$T = \frac{fD}{2} = \frac{\mu PD}{2}$$

$$\mu = \frac{2T}{PD}$$

式中，f 为摩擦副之间的摩擦力；P 为外加载荷；D 为摩擦副配合面直径。

被测摆动摩擦副安装好后，合上所有负荷复合开关，变频器自动起动，同时起动工控计算机为试验做好准备。首先起动液压电机及风冷器，然后起动变频电机驱动摆动系统运转，通过计算机对变频电机调速达到试验所需转速后，调节压力加载控制达到试验所需载荷，油液压力由压力调整阀控制，液压油经过伺服阀作用于油缸，进入试验状态。油缸压力作用于加载块后，传递到被测摩擦副。被测摩擦副滑动轴承相对销进行摆动，计算机通过与销相连的扭矩传感器，对被测摩擦副的扭矩进行采集并显示。同时压力传感器、转速传感器返回当前压力值、转速值，并在计算机窗口显示。当液压系统油温过高时，系统自动起动风冷器对液压油进行冷却。试验完成后按顺序停止变频电机、液压电机，关闭计算机，断开电源。

试验过程中各试验参数，如主轴转速、加载压力均可调节，以模拟被测摩擦副的实际工况，主轴转速、加载压力、摩擦扭矩、试验时间均可被测量，其数据存储于计算机，并可实时显示，用于后续摆动摩擦副的摩擦特性分析。

8.3.2　实测数据频谱分析

实测压力、摩擦扭矩曲线中曲线并不很光滑。本节分别对宽度 50mm，间隙 0.1mm，加载幅值分别为 10t、11t、12t 时的实测压力、摩擦扭矩进行频谱分析。分析结果表明，实测压力、摩擦扭矩均由测试低频成分组成，并无明显的高频干扰。通过小波分解 8 层消噪，压力、摩擦扭矩得到明显改善，但消噪前后的平均摩擦系数没有太大变化。消噪后得到的摩擦系数均比用实测原始数据计算得到的摩擦系数小，但减小幅度小于 0.6%，且消噪后的摩擦系数曲线出现局部负值，与实际情况不符。因此，试验测量的所有摩擦系数均按实测数据进行处理。

表 8.1 为宽度 50mm，间隙 0.1mm，加载幅值分别为 10t、11t、12t 时的实测压力、摩擦扭矩在消噪前后摩擦系数的对比。图 8.5～图 8.8 为加载幅值 11t 时小波消噪前后的实测压力、摩擦扭矩曲线及动摩擦系数曲线。

表 8.1　实测压力、摩擦扭矩消噪前后摩擦系数的对比

加载幅值/t	数据源	试验次数			摩擦系数均值	差值/变化量
		1	2	3		
10	实测	0.0116155	0.0116467	0.0116027	0.0116216	0.0000697
	小波消噪	0.0115532	0.0115112	0.0115882	0.0115509	0.572%
11	实测	0.0116132	0.0115833	0.0116163	0.0116043	0.0000674
	小波消噪	0.0115218	0.0112388	0.0116856	0.0115369	0.581%
12	实测	0.0116391	0.0116067	0.0116354	0.0116271	0.0000692
	小波消噪	0.0115625	0.0115370	0.0115743	0.0115579	0.595%

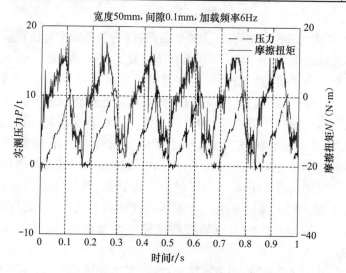

图 8.5　实测压力、摩擦扭矩曲线（加载幅值 11t）

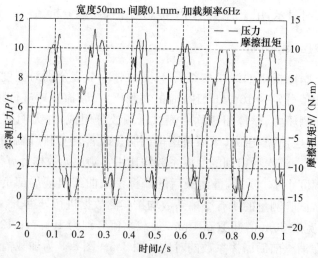

图 8.6　小波消噪后实测压力、摩擦扭矩曲线（加载幅值 11t）

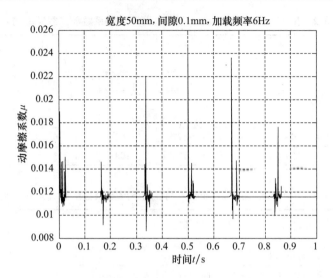

图 8.7　动摩擦系数随时间变化曲线（加载幅值 11t）

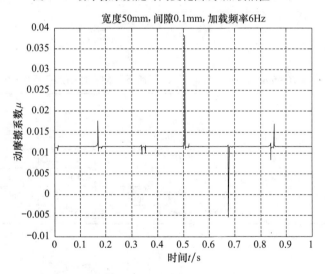

图 8.8　小波消噪后动摩擦系数随时间变化曲线（加载幅值 11t）

8.3.3　不同载荷下摩擦系数随加载频率的变化

　　为了考察同一尺寸规格、不同载荷下摩擦系数随加载频率的变化，对测量数据进行重新列表，如表 8.2～表 8.4 所示。

　　图 8.9～图 8.11 为间隙 0.1mm 时不同宽度、不同加载幅值下，摩擦系数随加载频率的变化。从图中可以看出，无论宽度为 44mm、46mm，还是 50mm 的衬套，在相同配合间隙下（0.1mm），总体上摩擦系数随加载频率（摆动频率）的增大呈增大的趋势。但载荷对摩擦系数的影响无明显规律。

表 8.2　B＝44mm,δ＝0.1mm,不同载荷下摩擦系数随加载频率的变化

频率/Hz ＼ 载荷/t	6	7	8	9	10	11	12
4			0.0116714		0.0117246		0.0116793
5			0.0116471		0.0116559		0.0116861
6			0.0116853	0.0116922	0.0116438	0.0116861	0.0116945
7	0.0116578	0.0116919	0.0117793	0.0116256	0.0117064	0.0116517	
8	0.0116585	0.0116666	0.0117604	0.0116968	0.0117238		

表 8.3　B＝46mm,δ＝0.1mm,不同载荷下摩擦系数随加载频率的变化

频率/Hz ＼ 载荷/t	6	7	8	9	10	11	12
4	0.0116820		0.0117517		0.0118467		0.0118575
5	0.0117496		0.0117858		0.0118092		0.0118633
6	0.0117815		0.0117926	0.0119086	0.0118419	0.0118248	0.0117186
7	0.0118824	0.0119096	0.0118095	0.0120897	0.0120395	0.01176	
8	0.0119459	0.0118843	0.0118571	0.0118139	0.0120447		

表 8.4　B＝50mm,δ＝0.1mm,不同载荷下摩擦系数随加载频率的变化

频率/Hz ＼ 载荷/t	6	7	8	9	10	11	12
4	0.0115872		0.01158253		0.0116169		0.0116080
5	0.0115980		0.0116147		0.0116138		0.0116147
6	0.0116533		0.0116175	0.0116090	0.0116216	0.0116043	0.0116271
7	0.0116409	0.0117135	0.0116501	0.0115979	0.011676	0.0115938	
8	0.0116192	0.0116822	0.0116141	0.0115805	0.0116230		

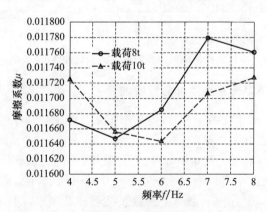

图 8.9　不同载荷下摩擦系数随加载频率的变化($B＝44mm,δ＝0.1mm$)

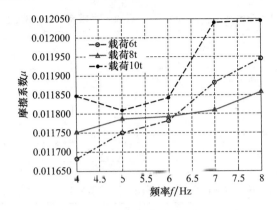

图 8.10　不同载荷下摩擦系数随加载频率的变化(B=46mm,δ=0.1mm)

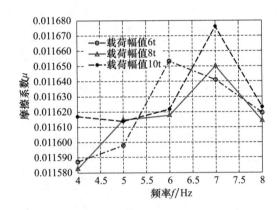

图 8.11　不同载荷下摩擦系数随加载频率的变化(B=50mm,δ=0.1mm)

8.3.4　不同配合间隙下摩擦系数随加载频率的变化

为了考察同一宽度、不同配合间隙时,不同载荷下摩擦系数随加载频率的变化,对测量数据进行重新列表,如表 8.5～表 8.9 所示。

表 8.5　B=50mm,δ=0.2mm,不同载荷下摩擦系数随加载频率的变化

频率/Hz \ 载荷/t	6	7	8	9	10	11	12
4	0.0116411		0.0116752		0.0116679		0.0117476
5			0.0117336		0.011677		0.0116887
6			0.0118439	0.0116951	0.0118758	0.011673	0.0118173
7	0.0116362	0.0117095	0.0117323	0.0117242	0.0117933	0.0117052	
8		0.0116489	0.0116595	0.0116954			

表 8.6　$B=50mm, \delta=0.3mm$，不同载荷下摩擦系数随加载频率的变化

频率/Hz ＼ 载荷/t	6	7	8	9	10	11	12
4			0.0117113		0.0116663		0.0117732
5			0.0116893		0.0116744		0.0117286
6			0.0117288	0.0118498	0.0118135	0.0120232	0.0119772
7	0.0116868	0.0116649	0.0117431	0.011828	0.0118149	0.0119497	
8	0.0116884	0.0116672	0.0118158	0.0117712			

表 8.7　$B=50mm, f=7Hz$，不同间隙下摩擦系数随载荷的变化

间隙/mm ＼ 载荷/t	6	7	8	9	10	11
0.1	0.0116409	0.0117135	0.0116501	0.0115979	0.011676	0.0115938
0.2	0.0116362	0.0117095	0.0117323	0.0117242	0.0117933	0.0117052
0.3	0.0116868	0.0116649	0.0117431	0.011828	0.0118149	0.0119497

表 8.8　$P=8t, B=50mm$，不同间隙下摩擦系数随加载频率的变化

频率/Hz ＼ 间隙/mm	0.1	0.2	0.3
4	0.0115825	0.0116752	0.0117113
5	0.0116147	0.0117336	0.0116893
6	0.0116175	0.0118439	0.0117288
7	0.0116501	0.0117323	0.0117431
8	0.0116141	0.0116595	0.0118158

表 8.9　$P=10t, B=50mm$，不同间隙下摩擦系数随加载频率的变化

频率/Hz ＼ 间隙/mm	0.1	0.2	0.3
4	0.0116169	0.0116679	0.0116663
5	0.0116138	0.011677	0.0116744
6	0.0116216	0.0118758	0.0118135
7	0.011676	0.0117933	0.0118149

　　针对宽度为 50mm 的衬套，$P=8t$ 时不同间隙下摩擦系数随加载频率的变化如图 8.12 所示；$P=10t$ 时不同间隙下摩擦系数随加载频率的变化如图 8.13 所示；图 8.14 为 $f=7Hz$ 时不同间隙下摩擦系数随载荷的变化。无论载荷为 8t 还是 10t，在不同加载频率下，配合间隙越小，摩擦系数越小，配合间隙为 0.1mm 的摩擦副摩擦系数均较 0.2mm、0.3mm 的摩擦系数小。同时再次表明，载荷对摩擦系数的影响无明显规律。

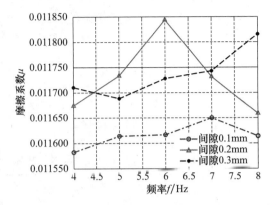

图 8.12　$P=8\text{t}, B=50\text{mm}$,不同间隙下摩擦系数随加载频率的变化

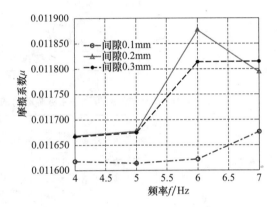

图 8.13　$P=10\text{t}, B=50\text{mm}$,不同间隙下摩擦系数随加载频率的变化

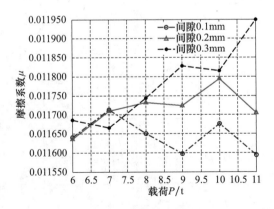

图 8.14　$B=50\text{mm}, f=7\text{Hz}$,不同间隙下摩擦系数随载荷的变化

由于减小配合间隙,油膜厚度增大,从而改善了润滑性能。实际应用中,应取

尽可能小的配合间隙,同时又要考虑装配及工作条件、加工条件、轴承合金材料等因素,取适当的间隙值以提高摩擦副的配伍性,减小工作时引起的振动和噪声。

8.3.5　不同宽度下摩擦系数随加载频率的变化

为了考察同一配合间隙、不同宽度时,不同载荷下摩擦系数随加载频率的变化,对测量数据进行重新列表,见表 8.10 和表 8.11。

表 8.10　$P=8t,\delta=0.1mm$,不同宽度下摩擦系数随加载频率的变化

频率/Hz　　宽度/mm	44	46	50
4	0.0116714	0.0117517	0.01158253
5	0.0116471	0.0117858	0.0116147
6	0.0116853	0.0117926	0.0116175
7	0.0117793	0.0118095	0.0116501
8	0.0117604	0.0118571	0.0116141

表 8.11　$f=7Hz,\delta=0.1mm$,不同宽度下摩擦系数随载荷的变化

宽度/mm　　载荷/t	6	7	8	9	10	11
44	0.0116578	0.0116919	0.0117793	0.0116256	0.0117064	0.0116517
46	0.0118824	0.0119096	0.0118095	0.0120897	0.0120395	0.0117603
50	0.0116409	0.0117135	0.0116501	0.0115979	0.011676	0.0115938

图 8.15 为 $P=8t$ 时不同宽度下摩擦系数随加载频率的变化;图 8.16 为 $f=7Hz$ 时不同宽度下摩擦系数随载荷的变化。

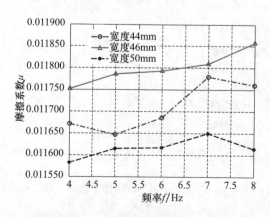

图 8.15　$P=8t,\delta=0.1mm$,不同宽度下摩擦系数随加载频率的变化

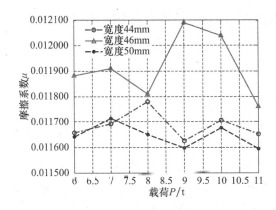

图 8.16　$f=7\mathrm{Hz},\delta=0.1\mathrm{mm}$，不同宽度下摩擦系数随载荷的变化

由图可见，不同载荷及不同频率下，宽度为 50mm 的摩擦副摩擦系数最小，宽度为 46mm 的摩擦系数最大，宽度对摩擦系数的影响为非线性的。这是因为膜厚的承载能力与宽度 B 的三次方成比例，宽度 B 越大，油膜的承载能力越高。但过大的宽度容易引起温度升高，润滑油黏度下降，反而导致膜厚减小，润滑性能变差。

通过本节试验，可得到以下结论：

（1）无论宽度是 44mm、46mm，还是 50mm 的衬套，在相同配合间隙（0.1mm）下，总体上摩擦系数随加载频率（摆动频率）的增大呈增大的趋势。但加载幅值对摩擦系数的影响无明显规律。

（2）在不同加载频率下，配合间隙越小，摩擦系数越小，配合间隙为 0.1mm 的摩擦副摩擦系数均较 0.2mm、0.3mm 的摩擦系数小。

（3）不同载荷及不同频率下，宽度为 50mm 的摩擦副摩擦系数最小，宽度为 46mm 的摩擦系数最大，宽度对摩擦系数的影响为非线性的。

8.4　连杆衬套磨损试验及磨损因素影响分析

在摆动摩擦副摩擦磨损试验机上，采用强力旋压锡青铜衬套作为试验轴承，探讨不同因素对磨损失效的影响。

8.4.1　试验方案

1. 试验内容

应用所研制的摆动摩擦副摩擦磨损试验台对某大功率柴油机连杆小头衬套-活塞销进行摩擦磨损研究，在试验过程中，研究间隙、载荷、转速等对衬套-活塞销摩擦副摩擦磨损性能的影响。通过试验数据分析影响磨损程度的主要因素及其影响程度的大小，并在一定的试验条件下，获得相应的磨损量。选择了 3 种转速、1

种润滑方式、3 种载荷以及 3 种样品进行正交试验测试,条件列举如下。

(1) 转速:240r/min、300r/min、360r/min。

(2) 润滑:每隔 60s 供油 15s。

(3) 载荷:9t、11t、13t。

(4) 试验样品:衬套尺寸为外径 $\phi 57.63^{+0.02}_{0}$,内径 $\phi 52.10^{+0.02}_{0}$、$\phi 52.15^{+0.02}_{0}$、$\phi 52.20^{+0.02}_{0}$,宽 50.00mm。材料为锡青铜,表面硬度为 160HB。

使用扫描电镜、光学电子显微镜进行表面形貌测量,内外径测量仪器为千分尺,光电分析精密天平作为称重仪器。试验前后分别对以下内容进行测量。

(1) 衬套过盈装配,测量 10 个定点(预先估计将要磨损的位置)的内径。

(2) 观察衬套表面形貌(预先估计将要磨损的位置)。

(3) 衬套的称重。

2. 正交试验设计

选取磨损量为试验评价指标,各因素为载荷、转速、不同间隙方式三项,每个因素包括三个水平,如表 8.12 所示。

表 8.12　因素水平表

水平＼因素	载荷/t	内径/mm	转速/(r/min)
1	9	$\phi 52.10^{+0.02}_{0}$	240
2	11	$\phi 52.15^{+0.02}_{0}$	300
3	13	$\phi 52.20^{+0.02}_{0}$	360

依据上述 3 因素 3 水平试验,设计 $L_9(3^4)$ 正交表,设计了 9 组试验方案并完成衬套的摩擦磨损试验。试验方案见表 8.13。

表 8.13　试验方案表

水平＼因素	内径/mm	载荷/t	转速/(r/min)
1	$\phi 52.10^{+0.02}_{0}$	9	300
2	$\phi 52.10^{+0.02}_{0}$	11	360
3	$\phi 52.10^{+0.02}_{0}$	13	240
4	$\phi 52.15^{+0.02}_{0}$	11	240
5	$\phi 52.15^{+0.02}_{0}$	13	300
6	$\phi 52.15^{+0.02}_{0}$	9	360
7	$\phi 52.20^{+0.02}_{0}$	13	360
8	$\phi 52.20^{+0.02}_{0}$	9	240
9	$\phi 52.20^{+0.02}_{0}$	11	300

8.4.2　磨损因素影响分析

采用高精度电子天平(精度:1/10000g)测量试件的重量变化。表8.14为各试件磨损情况,表中磨损量偏大。主要原因是试件的安装方式为过盈装配,由于试件条件的限制,只能通过人工装配,在拆装的过程中就会产生一定的磨损量。为了使试验数据尽可能精确,在试验前对9个试件进行多次拆装,找到其不同过盈量的情况下重量损失的大致规律,并对表8.14中的磨损量进行校正。

表 8.14　试验衬套磨损量

重量 ＼ 试件	1	2	3	4	5	6	7	8	9
试验前/g	203.9252	204.6940	205.3846	202.6589	204.4316	204.0398	203.9559	202.7852	203.2571
试验后/g	203.9132	204.6612	205.3739	202.6513	204.4236	204.0261	203.9382	202.7828	203.2534
磨损量/mg	12	33	10.7	7.6	8	13.7	17.7	2.4	3.7

通过多次试验,采用千分尺测量试验前后的内径变化,判断试验件的磨损情况。将试验的衬套过盈装入与其配合的圆柱体中,测量如图8.17所示的16个点的内径值。试验结束后,测量对应点的内径值,前后比较得到如表8.15所示的磨损情况。图8.18～图8.22为部分衬套试验前后放大200倍的表面形貌。

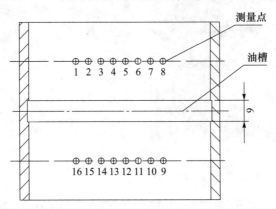

图 8.17　试件内径测量点分布图

表 8.15　试验衬套磨损量

试件	内径测量点磨损量/mm															
	1	2	3	4	5	6	7	8	9	10	11	12	13	14	15	16
1	0	0.002	0.002	0.005	0.005	0.005	0.005	0.005	0.005	0.010	0.018	0.020	0.012	0.010	0.005	0.005
2	0.005	0.001	0.009	0.009	0.009	0.005	0	0	0	0.005	0.005	0.010	0.005	0.002	0	0
3	0.01	0.011	0.005	0.002	0.003	0.002	0.002	0.006	0.006	0.003	0.010	0.013	0.009	0.009	0.002	0.002
4	0.005	0.002	0	0.001	0.002	0.001	0	0	0	0.003	0.004	0.004	0.006	0.007	0.005	0.005
5	0.001	0.001	0.003	0.004	0.001	0.002	0.005	0.008	0	0.002	0.004	0006	0.005	0.004	0.003	0
6	0.001	0.003	0.003	0.005	0.004	0.005	0.003	0.001	0	0.001	0.003	0.004	0.002	0	0	0

续表

试件	内径测量点磨损量/mm															
	1	2	3	4	5	6	7	8	9	10	11	12	13	14	15	16
7	0	0.002	0.002	0.007	0.008	0.007	0.007	0.003	0.001	0.001	0.001	0.001	0.002	0.004	0.002	0
8	0.001	0.008	0.006	0.007	0.003	0.002	0.002	0.002	0.002	0.005	0.004	0.006	0.006	0.008	0.006	0.008
9	0.009	0.007	0.002	0.010	0.007	0.004	0.006	0.002	0.006	0.001	0.006	0.002	0.004	0.004	0	0

（a）试验前　　　　　　　　　　　　（b）试验后

图 8.18　试件 1 试验前后放大 200 倍的表面形貌

（a）试验前　　　　　　　　　　　　（b）试验后

图 8.19　试件 2 试验前后放大 200 倍的表面形貌

（a）试验前　　　　　　　　　　　　（b）试验后

图 8.20　试件 3 试验前后放大 200 倍的表面形貌

（a）试验前　　　　　　　　　　（b）试验后

图 8.21　试件 5 试验前后放大 200 倍的表面形貌

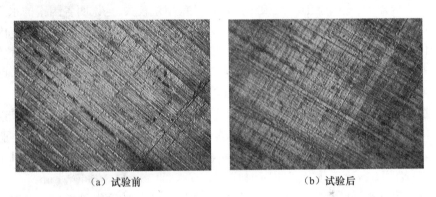

（a）试验前　　　　　　　　　　（b）试验后

图 8.22　试件 7 试验前后放大 200 倍的表面形貌

　　按正交表各试验号中规定的水平组合进行试验，共要做 9 组试验，并将试验结果进行误差校正后填入最后一列，如表 8.16 所示。

表 8.16　正交试验结果分析

试件 \ 因素	内径/mm	载荷/t	转速/(r/min)	磨损量/mg	校正值/mg
1	$\phi 52.10_0^{+0.02}$	9	300	12	11
2	$\phi 52.10_0^{+0.02}$	11	360	33	32
3	$\phi 52.10_0^{+0.02}$	13	240	10.7	9.2
4	$\phi 52.15_0^{+0.02}$	11	240	7.6	6.5
5	$\phi 52.15_0^{+0.02}$	13	300	8	7
6	$\phi 52.15_0^{+0.02}$	9	360	13.7	12.4
7	$\phi 52.20_0^{+0.02}$	13	360	17.7	16.2
8	$\phi 52.20_0^{+0.02}$	9	240	2.4	1.4
9	$\phi 52.20_0^{+0.02}$	11	300	3.7	2.2

续表

试件＼因素	内径/mm	载荷/t	转速/(r/min)	磨损量/mg	校正值/mg
K_1	52.2	24.8	20.2		
K_2	25.9	40.7	60.6		
K_3	19.8	32.4	17.1		
k_1	17.4	8.27	6.73		
k_2	8.63	13.57	20.2		
k_3	6.6	10.8	5.7		
极差 R	5.4	15.9	43.5		
因素主次	转速、载荷、间隙				
最优方案	间隙为 0.10mm、载荷为 11t、转速为 360r/min				

计算极差,确定因素的主次顺序。各列极差相差较大,这说明各因素的水平改变对试验结果的影响是不相同的。极差越大,表示该列因素的数值在试验范围内的变化会导致试验指标在数值上更大的变化,所以极差最大的那一列即对试验结果影响最大的因素,也就是最主要的因素。在本试验中,转速＞载荷＞间隙,所以各因素从主到次的顺序为转速、载荷、间隙。

在试验范围内确定各因素较优的水平组合。本试验主要是关心哪个因素对试件的磨损影响最大,所以挑选每个因素的 K_1、K_2、K_3 中最大的值对应的那个水平,由于间隙因素列为 $K_1 > K_2 > K_3$,载荷因素列为 $K_2 > K_3 > K_1$,转速因素列为 $K_2 > K_1 > K_3$,所以优方案为间隙 0.10mm、载荷 11t、转速 360r/min。

为了找到更优的方案,将因素水平作为横坐标,以试验磨损量指标的平均值 k_i 为纵坐标,画出因素与指标的关系图,即趋势图,如图 8.23 所示。

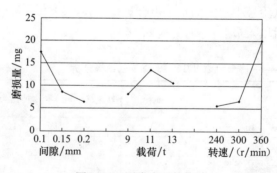

图 8.23　因素水平趋势图

从图 8.23 可以很明显地看出,当间隙为 0.10mm、载荷为 11t、转速为 360r/min 时磨损量最大。从趋势图还可以看出,并不是施加的载荷越大,磨损量就越大,当载荷大于 11t 时,试件的磨损量随着载荷的加大呈现降低的趋势。因此,趋势图可以很直观地反映各因素水平对磨损量的影响。

图 8.24～图 8.26 所示试件的磨损时间为 14h,图 8.27 所示试件的磨损时间为 7h。从图中可以看出,磨损 14h 后的表面更为光滑。图 8.24～图 8.26 所用的设备为扫描电镜,而图 8.27 所用的设备为光学电子显微镜。

图 8.24　润滑方式改变后的表面磨损情况　　　图 8.25　试件表面微孔缺陷

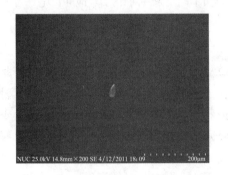

图 8.26　间隙为 0.3mm 磨损表面形貌　　　图 8.27　试件 7 磨损表面缺陷表面形貌

（1）刮伤。直径为 $\phi 52.10_0^{+0.02}$ 的试件在载荷为 11t、转速为 360r/min 的试验条件下,润滑方式从每 60s 注油 15s 变为每 90s 注油 15s,试验 7h 后,拆下试件发现表面刮伤严重,如图 8.24 所示。通过分析,失效的主要形式是刮伤。它主要是由润滑油膜不能形成造成的,除了润滑不良,轴承间隙小、低速高载都容易造成这种缺陷。刮伤的形成机理是由衬套合金自身的冷作硬化碎片所引起的,如图 8.24 中所示有很多小碎颗粒。当润滑油膜被严重破坏时,刮伤最终会发展为黏着咬死。

（2）表面缺陷。图 8.25 是衬套试件放大 200 倍的扫描电镜图,是该试件在载荷为 11t、转速为 360r/min、润滑方式为每 60s 注油 15s 的试验条件下,试验 14h 后的表面形貌。从图中可知,试件的加工痕迹已基本被磨平,只有一个小划痕,但是可以看到很多微坑。若微坑比较小,在以后的多次应力循环时,可以被磨平,如图 8.27 所示。理论上当尺寸较大时,很有可能发展成疲劳裂纹,导致早期失效。图 8.25 和图 8.27 所示的缺陷为试件本身缺陷,并非试验过程中产生的缺陷。

（3）外来颗粒的嵌入。图 8.26 是直径为 $\phi 52.10_0^{+0.02}$ 的衬套试件放大 200 倍后的照片，是该试件在载荷为 11t、转速为 360r/min、润滑方式为每 60s 注油 15s 的试验条件下，试验 14h 后的表面形貌。从图中可知，试件的加工痕迹已被磨平，且比图 8.24 和图 8.25 的磨损量大；没有出现任何失效的情况，但可以看到表面有一个很大的颗粒，很有可能是来自润滑油中的杂质，这些颗粒随润滑油循环，能渗入轴承间隙内，如果长时间停留在摩擦副之间，在油压的作用下，它们会嵌入软金属（表面合金层）或刮伤硬金属（铜铅合金层等），造成早期失效。

综上所述，润滑不良是导致磨损失效一个很重要的因素，而且润滑油在循环的过程中，掺杂着一些小的颗粒，是造成磨粒磨损的主要原因，磨粒磨损在失效中占有很高的比例，估计可能高达 50%。

8.5　不同材料对摩擦磨损特性影响的试验研究

8.5.1　试验方案

由于锡青铜（QSn7-0.2）、铝青铜（QAl9-4-4-2）、铅黄铜（HPb59-1）、磷青铜（QSn10-1）这四种材料都在铜基合金中加入了多种金属元素，都具有很高的耐磨性。为了研究不同材料连杆衬套的摩擦磨损特性，试验采用 QSn7-0.2、QAl9-4-4-2、HPb59-1、QSn10-1 四种不同材料的衬套，研究不同材料表面形貌以及不同材料属性对摩擦磨损特性的影响。

针对相同规格的 QSn7-0.2 衬套、QAl9-4-4-2 衬套、HPb59-1 衬套、QSn10-1 衬套，利用摆动摩擦副摩擦磨损模拟试验台、扫描电子显微镜、JB-5C 粗糙度轮廓仪、光电分析精密天平等仪器设备进行了对比试验，试验条件为试验速度 260m/s、载荷 10t，润滑条件为每隔 60s 供油 15s，时间 12h。

8.5.2　试验结果分析

1. 表面形貌的变化

在高比压的工作状态下，衬套无论内表面粗糙度还是外表面粗糙度，对其工作性能都有很大的影响[6]。因此，对连杆衬套表面粗糙度的评定显得尤为重要。图 8.28～图 8.31 为四种不同材料连杆衬套在试验前后所测表面粗糙度的对比。QSn7-0.2 衬套试验前后表面形貌变化最小，只是磨掉了大部分微凸峰，部分轮廓深谷保持不变；其次为 QSn10-1 衬套；表面形貌变化最大的是 HPb59-1 衬套，材料表面基本上被磨平，而轮廓谷在试验过程中也部分消失。

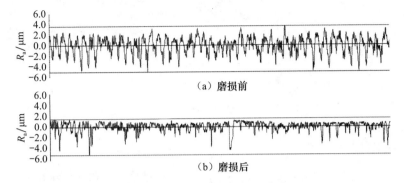

图 8.28　QSn7-0.2 衬套试验前后表面粗糙度的对比

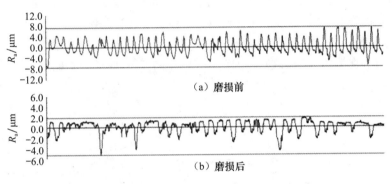

图 8.29　QAl9-4-4-2 衬套试验前后表面粗糙度的对比

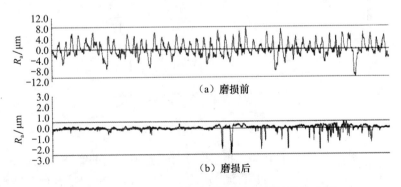

图 8.30　HPb59-1 衬套试验前后表面粗糙度的对比

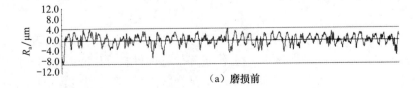

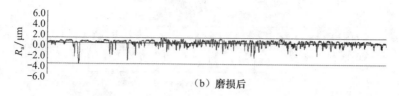

（b）磨损后

图 8.31　QSn10-1 衬套试验前后表面粗糙度的对比

2. 摩擦特性的对比

图 8.32 是四种材料衬套摩擦扭矩的对比，QSn7-0.2 衬套摩擦扭矩低于其他三种材料，摩擦扭矩的变化幅度也最小，摩擦特性最好，这是因为 QSn7-0.2 经过热处理并旋压加工后硬度较高，而且 QSn7-0.2 衬套中的锡元素和活塞销中的铁元素不容易相融，从而降低了摩擦扭矩，从材料属性的根本上改善了摩擦特性。HPb59-1 衬套摩擦特性最差。QSn10-1 衬套和 QAl9-4-4-2 衬套在初始和第 6h 摩擦扭矩的对比有一定的变化，在第 12h 两者趋于相近，但 QSn10-1 衬套摩擦扭矩略低于 QAl9-4-4-2 衬套。

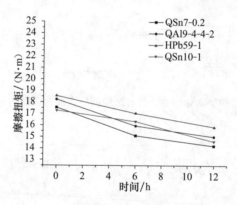

图 8.32　四种材料衬套摩擦扭矩的对比

3. 磨损特性的对比

由于试验条件有限，衬套在每次拆装时必然会造成一定的磨损。为此，采用多次拆装的方法，找到了不同材料衬套拆装的磨损规律，然后对磨损量进行数据校正，以降低误差，提高测量精度（图 8.33）。每次试验前后用酒精棉球将衬套表面擦洗干净，降低其他因素带来的影响，图 8.34～图 8.37 为衬套经过多次拆装后的表面形貌图。

表 8.17 为四种不同材料衬套的摩擦磨损试验结果。从表中可以看出，QSn7-0.2 衬套耐磨性较好，其磨损性能明显优于其他三种材料；HPb59-1 衬套摩擦磨损性能最差；而 QAl9-4-4-2 衬套和 QSn10-1 衬套磨损量相近，但后者略比前者耐磨

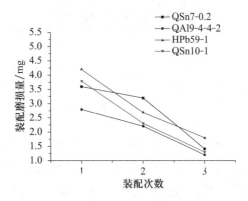

图 8.33　过盈装配经多次拆装的磨损量

图 8.34　QSn7-0.2 衬套多次拆装形貌

图 8.35　QAl9-4-4-2 衬套多次拆装形貌

图 8.36　HPb59-1 衬套多次拆装形貌

图 8.37　QSn10-1 衬套多次拆装形貌

一些。同时，HPb59-1 衬套中含有少量铅元素，随着国家对环保概念的重视，铜铅合金被取代的趋势势在必行。连杆衬套中锡元素与活塞销中铁元素的晶格类型和距离与其他性能差别很大，与铁元素相容性太小甚至不能够相融，所以两者摩擦的摩擦系数较小。锡元素的熔点较低，约为 232℃，当摩擦磨损试验机起动或关闭时，或者衬套与活塞销摩擦产生的温度较高时，锡元素熔化形成很薄的薄膜。这种薄膜能够减小摩擦副表面微凸峰相交错接触时的相互作用阻力，减小摩擦系数，具有较好地保护连杆衬套表面和润滑的功能。

表 8.17 摩擦磨损试验结果

重量 \ 试件	QSn7-0.2	QAl9-4-4-2	HPb59-1	QSn10-1
试验前/g	203.5048	172.4418	186.8652	201.9694
试验后/g	203.9497	172.4284	186.8427	201.9567
磨损量/mg	6.9	13.4	22.5	12.7
校正值/mg	5.9	12.2	20.5	11.6

实际应用中,发动机连杆衬套比试验所采用的试件表面要光滑很多,试验衬套加工时较为粗糙,导致四种材料衬套比实际工况磨损量均略大。

连杆衬套与活塞销之间的摩擦机理是润滑油液体摩擦、边界摩擦和黏着摩擦构成的混合摩擦,即衬套与活塞销之间的摩擦力是由油膜剪切力、边界膜剪切力和摩擦副微凸峰接触产生的摩擦力构成的。单一的机理存在其局限性:油膜剪切摩擦机理认为油膜把摩擦副两表面完全分开,微凸峰不接触,不存在磨损,摩擦扭矩完全是由油膜剪切力完成的,显然与本试验结论不相符。边界摩擦机理同样认为两表面无直接接触,但是摩擦扭矩是由边界膜剪切力来完成的,也不能解释试验结果存在磨损量而且摩擦扭矩随摩擦距离不断变化的规律。三种摩擦同时存在,三者所占的比例不同。

8.6 小 结

为了进一步了解强力旋压锡青铜连杆衬套的磨损寿命及失效形式,本章根据实际工况下连杆活塞的工作原理确定了摩擦磨损试验装置的总体结构,研制了摆动摩擦副摩擦磨损模拟试验台,为强力旋压锡青铜衬套的研究提供试验手段。所研制的试验台具有以下特点。

(1)试验台载荷幅值、转速、加载频率可调,可模拟内燃机的不同工况、不同润滑条件下的试验要求,可测量内燃机不同型号的摆动摩擦副的摩擦磨损特性,弥补内燃机摆动摩擦副模拟性试验的空白。

(2)通过计算机对试验参数,如载荷、转速、摩擦扭矩等信号进行实时测量、存储、分析处理和显示,具有测量参数功能齐全、应用范围大等优点,使得试验效率大为提高,试验费用也大为降低。

(3)该试验台可进行内燃机摆动摩擦副摩擦磨损性能试验,能够考虑不同型号发动机、不同工况因素对摩擦材料性能的影响,可提高与台架试验数据的可比性水平,通过摆动摩擦副的模拟试验反映台架试验的结果。

(4)该试验台适用于内燃机摆动摩擦副新产品开发的摩擦磨损特性试验,尤其是不同材料、不同工艺下摩擦副的配伍性研究。同时,也适用于其他类似的摆动摩擦副的摩擦磨损模拟试验。

　　为验证摩擦磨损润滑试验装置的可行性,进行了验证试验。试验结果表明,新研制的试验装置基本上满足试验要求。为验证磨损试验的可行性,采用同一批次的衬套样品在不同工况下(间隙、载荷、转速、粗糙度)进行了正交试验。试验结果表明,试验数据具有良好的一致性、重复性和可比性。材料分别为锡青铜、铝青铜、铅黄铜、磷青铜的四种衬套磨损对比试验表明,强力旋压锡青铜连杆衬套耐磨性较好,其磨损性能明显优于其他三种材料。

参 考 文 献

[1] 董雪飞,樊文欣,孙友谊,等.内燃机滑动轴承复合材料研究[J].热加工工艺,2010,39(12):87-90.

[2] 赵俊生,马朝臣,胡辽平.涡轮减重前后增压器转子动力学分析及试验[J].机械设计与研究,2010,26(4):34-37.

[3] 李柱国,石云山,张乐山,等.柴油机滑动轴承[M].上海:上海交通大学出版社,2003.

[4] 赵俊生,王建平,原霞,等.摆动摩擦副摩擦磨损模拟试验台[P]:中国,ZL201010621193.4,2012.

[5] 赵俊生,王建平,原霞,等.摆动摩擦副摩擦磨损模拟试验台研制[J].润滑与密封,2014,39(3):101-104.

[6] 胥超,赵俊生,樊文欣,等.连杆衬套表面粗糙度评定方法对比分析[J].表面技术,2013,42(6):109-112.